图说 高效快速养羊关键技术

江喜春　主编

詹迎谷　王爱军　副主编

U0211296

化学工业出版社

·北京·

内容简介

　　本书用通俗易懂的语言，介绍了羊场选址要点、羊场规划建设及配套设施、羊的品种及引种、羊的繁育技术、羊营养需要与饲养标准、常用饲料和饲料配制、羊的饲养管理技术、羊场日常生产管理制度、羊常见疾病诊断与防治、羊场经营数据报表与分析等知识。书中附有大量彩色图片及少量视频讲解，便于读者理解掌握。

　　本书适合羊场工作人员、羊的养殖科研人员、高等院校畜牧相关专业师生参考使用。

图书在版编目（CIP）数据

图说高效快速养羊关键技术 / 江喜春主编；詹迎谷，王爱军副主编. —北京：化学工业出版社，2023.5
ISBN 978-7-122-42963-6

Ⅰ.①图… Ⅱ.①江… ②詹… ③王… Ⅲ.①羊－饲养管理－图解 Ⅳ.①S826.4-64

中国国家版本馆CIP数据核字（2023）第029761号

责任编辑：彭爱铭　　　　　　文字编辑：朱丽秀　李娇娇
责任校对：宋　玮　　　　　　装帧设计：关　飞

出版发行：化学工业出版社
　　　　　（北京市东城区青年湖南街13号　邮政编码100011）
印　　装：盛大（天津）印刷有限公司
710mm×1000mm　1/16　印张13　字数259千字
2023年6月北京第1版第1次印刷

购书咨询：010-64518888
售后服务：010-64518899
网　　址：http://www.cip.com.cn
凡购买本书，如有缺损质量问题，本社销售中心负责调换。

定　　价：59.00元　　　　　　版权所有　违者必究

本书编写人员

主　编

江喜春

副主编

詹迎谷　　王爱军

其他参编人员

（按姓氏笔画排序）

王　猛　　方永胜　　刘晓东　　吴昌宏
陈　宁　　陈加勤　　陈丽园　　姜乃发
徐文明　　殷康银　　黄云海　　曹良元
廖凤先

前言

近年来，我国不断调整和完善畜牧业产业结构，明确了发展牛羊等节粮型草食动物的产业政策。羊肉因具有独特的风味和较高的营养价值及保健作用，成为越来越受到消费者欢迎的"绿色"产品。肉羊产业规模大、效益高，是畜牧业的一个重要组成部分。

截至2021年底，我国羊只存栏、出栏均已突破3亿只，羊肉产量超过500万吨，均居世界首位。目前我国是养羊大国，但不是强国，规模化和标准化饲养刚刚起步，养羊业正处在一个重要的战略转型期，即绵羊、山羊品种结构从毛用羊、绒用羊为主转向肉用羊为主，羊肉生产结构由成年羊肉转向羔羊肉，饲养方式由粗放式逐渐转向集约化、商业化。

本书共分为八章，分别为：养羊成功关键资源，羊场规划、建设以及配套设施与设备，羊的引种与饲养管理技术，羊的繁育技术，肉羊营养需要及常用饲草料，羊场日常生产管理技术，羊常见疾病诊断与防治以及羊场经营数据报表与分析。各章内容层层深入，使读者一目了然，并逐步引导读者全面认识、理解和掌握肉羊养殖技术。全书覆盖面广，具有实用性和新颖性，适合规模化羊场的技术与管理人员阅读，对从事畜牧业推广管理的行政人员具有参考意义，对肉羊饲养初学者具有指导作用。

本书在编写过程中参阅了大量文献资料和图表，限于篇幅未能在参考文献中一一列出，在这里编者对原作者表示衷心感谢。因编者水平有限，书中难免有疏漏之处，敬请读者批评指正。

编者

目录

第5章

羊营养需要及常用饲草料　089

第6章

羊场日常生产管理技术　113

第7章

羊常见疾病诊断与防治　140

第8章

羊场经营数据报表与分析 189

第1章

养羊成功关键资源

1.1 饲草料资源

1.1.1 放牧资源

自然界里的草、树叶都是羊很好的口粮。羊由于嘴尖，唇薄，上唇有一纵裂，增加了上唇的灵活度，下腭门齿向外有一定的倾斜度，所以可以啃食很短的牧草。不能放牧牛、马等草食家畜的短草牧场，可以用来牧羊。在荒漠、半荒漠地区，牛不能很好利用的大多数种类的植物，羊则可以有效利用。据有关资料统计，在655种植物中，山羊能利用500多种，约占80%，比牛利用植物率多28%。因此羊放牧是最普遍、最简便、最经济的草地利用方式，牧场周边草地合理利用，能大大降低饲喂成本、人工成本。羊饲喂成本的降低增加了利润保障，目前山区多数小型牧场都是以放牧为主（图1-1、图1-2）。

图1-1 林间放牧羊群（江喜春 拍摄）

图1-2 田间放牧羊群（江喜春 拍摄）

农村有句俗语说"羊吃百草，不怕病扰"。一方面的原因是百草里面有很多具有特殊功效的草，营养各不相同，有的草料属于中草药，能提高羊的抗病能力；另一方面的原因是羊吃草要经常走动，保持适量运动，能提高免疫力，各类疾病也会"绕道走"。

我国的内蒙古、新疆、青海、西藏，天然草场面积占全国草场面积的75%以上，形成了传统的四大放牧区。

内蒙古放牧区：分布在我国最大的草原，全区草场从东到西，分为森林草原、草原、荒漠草原和荒漠草场，养羊数量在全国排名第一。

新疆放牧区：分布于天山以北的北疆和南疆西部山区，随海拔从低处的荒漠到高山草地，形成垂直分布的不同牧场。其中新疆的阿尔泰地区为我国大尾羊商品生产基地。

西藏放牧区：属高寒牧区，草场资源以高山草甸、高原宽谷草场为多。优良羊的品种有藏绵羊、藏山羊等。藏北"春放水边，夏放山，秋放山坡，冬放滩"；藏南"春季牧场在山腰，夏季牧场在平坡，秋季牧场在山顶，冬季牧场在阳坡"。

青海放牧区：属草原牧区，是我国重要的畜牧业生产基地。天然草原可划分为草甸草场、灌丛草甸草场、草原草场、沼泽草场、荒漠草场和森林草场等，其中，以草原草场、草甸草场为多。天然牧场集中在青海湖环湖区、青南高原区和柴达木盆地区。羊种有青海藏羊、哈萨克羊等。

历年来，传统的四大放牧区拥有丰富的牧草资源，是重要的肉羊生产基地，但随着西部大开发退耕还林、还草工程的实施，不少地区采取了封山禁牧等措施，减少了本地商品羊出栏率。肉羊的主产区已在多年前由牧区迁移到了农区，如河南、河北、山东、四川、甘肃以及安徽等地。因此，除了传统的放牧区能发展养羊外，全国各地的山区均可以发展养羊，但不同类型的放牧场地对发展养羊有不同要求。一般来说，城镇郊区山区自然牧草和农作物秸秆等资源相对匮乏，不适宜发展肉羊生产；中山、高山地区，山高人稀，居住分散，交通闭塞，农业落后，但草山草坡面积大，牧草资源丰富，可以适度规模发展肉羊生产，尤其是高原山区，具有发展牛羊草食畜牧业的良好条件；而浅山丘陵地区，农业较发达，人均耕地面积较大，农副产品多，交通、信息相对较为发达，可以进行适度规模的肉羊生产。

有人认为放羊是破坏生态环境的罪魁祸首，那么羊是怎样破坏生态环境的呢？羊为什么要破坏生态环境？这些问题必须搞清楚。羊属于草食动物，嘴尖牙利，喜食脆硬的饲草和饲料，在枯草期或在荒漠或半荒漠草原，在纯放牧的条件下，羊无草可吃，为了生存，就掘草、啃树皮，对植被造成了严重的破坏。当羊有草吃或不放牧时就不会破坏生态环境，所以，根据放牧草场适度放养羊只，实施生态养羊是可行的。同时，放牧资源除了天然牧草外，农作物秸秆等饲草资源十分丰富，可以用于养羊。可见，放羊就一定破坏生态环境的提法是片面的、错误的。养羊破坏生态环境纯粹是因人为的管理不善造成的，而非养羊业本身的问题。

1.1.2 秸秆资源

在农区或半农半牧区种植着大量农作物，秸秆资源丰富，放牧资源相对有限，如果全靠买草料养羊必定大大增加饲喂成本，充分利用当地秸秆资源，做好降本增效是养羊成功关键。农作物秸秆（尤其是玉米秸秆）是养羊的主要粗饲料来源之一，取材广泛、成本低廉是它的最大优点。

常见秸秆有花生秧、玉米秸秆、高粱秸秆、水稻秸秆（稻草）、小麦秸秆、红薯藤等（图1-3～图1-6）。

根据秸秆品种、营养特点、收割阶段及天气情况，可青贮储存或风干储存。

图1-3 水稻（张效忠 拍摄）

图1-4 花生（詹迎谷 提供）

图1-5 粮饲兼用玉米（陈洪俭 拍摄）

图1-6 高粱（阮俊平 拍摄）

1.1.3 工业加工的副产物资源

常用的工业副产物主要有制糖工业、酿酒工业、豆制品加工业、果品加工业和淀粉加工业等的副产物。这些副产物作为羊的饲料原料资源，能大大降低饲养成本，充分利用好加工剩余的副产物，做好降本增效是养羊成功的关键之一。

大部分副产物饲料资源特点是水分大、粗纤维少、营养浓度低、羊适口性较好、储存时间短、容易变质。所以在饲喂过程中要注意：做好保存措施防止变质，豆类加工副产物豆渣最好煮熟喂或发酵好后再喂，其次刚开始饲喂时要由少到多，逐渐过渡，同时配合干草、精料，保证羊的营养全面性与均衡性和满足对粗纤维的需求。

1.1.4 可种植牧草的土地资源

可种植牧草的土地资源不仅是指有大量土地可以种牧草，而且这些土地租金要廉价、交通方便，牧草种植能机械化作业，降低人工成本，最终才能降低饲草料成本，达到降本增效目的。

优质牧草是草食家畜，特别是羊的重要饲草组成部分，是养羊生产最需要的蛋白质、维生素和矿物质等营养的主要来源，以主体或补饲方式为养羊所用。适合养羊的牧草种类很多，主要有黑麦草（图1-7）、紫花苜蓿（图1-8）、羊草、高丹草、苏丹草、无芒雀麦、墨西哥玉米、皇竹草、串叶松香草、巨菌草、江淮光叶紫花苕（图1-9）等。特别推荐利用高丹草养羊，高丹草为一年生禾本科牧草，该品种综合了高粱茎粗、叶片大和苏丹草分蘖力、再生力强的优点。其生长期长，可刈割2～3茬，产量高，营养丰富，消化率高，可鲜用也可青贮或调制成青干草。

图1-7 黑麦草（徐智明 拍摄）

图1-8 紫花苜蓿（徐智明 拍摄）

图1-9 江淮光叶紫花苕（徐智明 拍摄）

同时，需要考虑什么地种植牧草最合适，也就是说牧草的生长对土壤有什么要求？首先土壤的酸碱度是很重要的，因为牧草的生物学特性必须和土壤的酸碱度一致，而牧草的生物学特性就是牧草在人为的环境中能够生存，并能繁殖蔓延的特性。所以做好土壤的酸碱鉴定，通过技术分析是否适合养殖牧草是重要的第一步。其次潮湿而不平整的土地是不适合种牧草的，因为大部分牧草喜干燥，潮湿而积水难排的地形会使牧草根部腐烂，直至死亡。所以地形平整、排水灌溉功能完善也是种植牧草的一个条件。如果地形无法改变，也有解决的办法。因为牧草分为很多种，也有针对恶劣地形环境下的牧草。比如土壤养分不多、地形陡峭可以选择能适应瘠薄土壤的品种；酸碱度过高或过低可选择耐酸碱品种；北方选择能适应水分不多的品种；南方选择能适应潮湿、暴晒的品种。

1.2　品种资源

我国绵羊、山羊品种资源极为丰富，仅进入《国家畜禽遗传资源品种名录（2021年版）》的品种就达到167个，从高海拔的青藏高原到地势较低的东部地区均有其分布。目前，我国饲养的绵羊、山羊品种主要分为三大类：我国地方品种、国内培育品种和国外引入品种。

1.2.1　主要的绵羊品种资源

根据《国家畜禽遗传资源品种名录（2021年版）》，绵羊89个品种，包括地方品种44个、培育品种32个、引入品种13个。具体情况见表1-1。

表1-1　国家畜禽遗传资源品种名录（2021年版）——绵羊

地方品种			培育品种			引入品种	
蒙古羊	太行裘皮羊	岷县黑裘皮羊	新疆细毛羊	凉山半细毛羊	察哈尔羊	夏洛来羊	杜泊羊
西藏羊	豫西脂尾羊	贵德黑裘皮羊	东北细毛羊	青海毛肉兼用细毛羊	苏博美利奴羊	考力代羊	白萨福克羊
哈萨克羊	威宁绵羊	巴什拜羊	内蒙古细毛羊	青海高原毛肉兼用半细毛羊	高山美利奴羊	澳洲美利奴羊	南非肉用美利奴羊
广灵大尾羊	迪庆绵羊	巴音布鲁克羊	甘肃高山细毛羊	鄂尔多斯细毛羊	象雄半细毛羊	德国肉用美利奴羊	澳洲白羊
晋中绵羊	兰坪乌骨绵羊	策勒黑羊	敖汉细毛羊	呼伦贝尔细毛羊	鲁西黑头羊	萨福克羊	东佛里生羊
呼伦贝尔羊	宁蒗黑绵羊	多浪羊	中国美利奴羊	科尔沁细毛羊	乾华肉用美利奴羊	无角陶赛特羊	南丘羊
苏尼特羊	石屏青绵羊	和田羊	中国卡拉库尔羊	乌兰察布细毛羊	戈壁短尾羊	特克赛尔羊	—
乌冉克羊	腾冲绵羊	柯尔克孜羊	云南半细毛羊	兴安毛肉兼用细毛羊	鲁中肉羊	—	—
乌珠穆沁羊	昭通绵羊	罗布羊	新吉细毛羊	内蒙古半细毛羊	草原短尾羊	—	—
湖羊	汉中绵羊	塔什库尔干羊	巴美肉羊	陕北细毛羊	黄淮肉羊	—	—
鲁中山地绵羊	同羊	吐鲁番黑羊	彭波半细毛羊	昭乌达肉羊	—	—	—
泗水裘皮羊	兰州大尾羊	叶城羊	—	—	—	—	—
洼地绵羊	滩羊	欧拉羊	—	—	—	—	—
小尾寒羊	阿勒泰羊	扎什加羊	—	—	—	—	—
大尾寒羊	巴尔楚克羊	—	—	—	—	—	—

1.2.1.1 我国主要的地方绵羊品种

（1）湖羊

湖羊（图1-10、图1-11）是我国特有的白色羔皮用绵羊地方品种，我国一级保护地方畜禽品种，主要分布在苏浙两省交界的太湖流域。

图1-10 湖羊公羊（江喜春 拍摄）

图1-11 湖羊母羊（江喜春 拍摄）

湖羊中心产区位于太湖流域的浙江湖州市的吴兴、南浔、长兴和嘉兴市的桐乡、秀洲、南湖、海宁，江苏的吴中、太仓、吴江等地。分布于浙江的余杭、德清、海盐，江苏的苏州、无锡，上海的嘉定、青浦等地。

20世纪70年代末，湖羊存栏数曾一度达到254.0万只，为历史最高水平。此后，存栏量呈快速下降趋势。到20世纪90年代中期，湖羊生产方向逐渐由皮肉兼用转变为肉皮兼用。进入21世纪后，湖羊的存栏量虽然变化不大，但饲养数量稳中有升，2006年年底存栏112.7万只，其中浙江92.65%、江苏7.35%，且饲养的规模化程度不断提高，出栏率持续上升。

① 体型外貌。湖羊全身被毛为白色。体格中等，头狭长而清秀，鼻骨隆起，公羊、母羊均无角，眼大凸出，多数耳大下垂。颈细长，体躯长，胸较狭窄，背腰平直，腹微下垂，四肢偏细而高。母羊尻部略高于鬐甲，乳房发达。公羊体型较大，前躯发达，胸宽深，胸毛粗长。属短脂尾，尾呈扁圆形，尾尖上翘。被毛异质，呈毛丛结构，腹毛稀而粗短，颈部及四肢无绒毛。

② 生产性能。

a. 产皮性能。湖羊羔皮具有皮板轻柔、毛色洁白、花纹呈波浪状、花案清晰、紧贴皮板、扑而不散、有丝样光泽、光润美观等特点，享有"软宝石"之称。根据羔皮波浪状花纹宽度可分为大花、中花和小花。以羔羊出生当天宰剥的皮板质量最佳，随着日龄的增加，花纹松散、品质降低。湖羊羔皮经鞣制后，可染成各种色彩，供制作时装、帽子、披肩、围巾、领子等。

袍羔皮又称"浙江羔皮"，指湖羊2～4月龄时剥取的幼龄羊的皮板。袍羔皮毛股洁白如丝，毛长5～6厘米，光泽丰润，花纹松散，皮板轻薄，保暖性能良好，是良好的制裘原料。

大湖羊皮也称"老羊板"，为剥取的10月龄以上大湖羊的皮板，毛长6～9厘米，花纹松散，皮板壮实，可制裘，更是制革的上等原料。大湖羊皮革以质轻、柔软、光泽好而闻名。

b. 产毛性能。湖羊每年剪毛两次，剪毛量公羊1.65千克、母羊1.16千克。其羊毛属异质毛，被毛纤维类型重量百分比中无髓毛占78.49%，其余为有髓毛与死毛。

c. 产乳性能。湖羊的泌乳性能较好。据浙江省农业科学院测定资料，湖羊泌乳期为4个月，120天产奶100千克以上，高者可达300千克。湖羊奶外观较浓稠，乳汁主要营养成分含量为粗蛋白质6.58%、乳糖5.65%、矿物质0.97%。

d. 繁殖与生长发育性能。湖羊性成熟早，公羊为5～6月龄，母羊为4～5月龄；初配年龄公羊为8～10月龄，母羊为6～8月龄。母羊四季发情，以4～6月份和9～11月份发情较多，发情周期17天，妊娠期146.5天；繁殖力较强，一般每胎产羔2只以上，多的可达6～8只，经产母羊平均产羔率277.4%，一般两年产3胎。羔羊初生重公羔3.1千克，母羔2.9千克；45日龄断奶重公羔15.4千克，母羔14.7千克；羔羊生长发育快，三月龄断奶体重公羔25千克以上，母羔22千克以上。羔羊断奶成活率96.9%。成年羊体重公羊65千克以上，母羊40千克以上，湖羊最适的屠宰时间以6月龄为宜；从养殖投入产出比最大化来讲，湖羊的最佳屠宰体重以40～50千克为宜。

③ 饲养管理。湖羊性情温驯、食性杂、耐粗饲、适应性强、易管理，终生饲养在较阴暗的羊舍内。饲草料以牧草、野生杂草、青贮饲料、农作物秸秆及桑树叶、果树叶等为主，搭配部分精料。湖羊有夜食性，傍晚应放足草料。配种期种公羊、怀孕和哺乳期母羊、羔羊和育肥期肉羊要补饲适量精饲料。

④ 品种保护和研究利用。采用保护区和保种场保护。在浙江省、江苏省建有湖羊保种场和保护区，开展湖羊品种资源的保护工作。在保持湖羊羔皮优良性能的前提下，肉用性能得到有效的开发利用。湖羊1989年收录于《中国羊品种志》，2014年列入《国家级畜禽遗传资源保护名录》。我国1984年发布了《湖羊》国家级标准（GB/T 4631—1984），2006年9月发布了修订的《湖羊》国家标准（GB/T 4631—2006）。2008年建立国家级湖羊保种场，现以活体形式保种。

⑤ 品种评价。湖羊是世界著名的多羔绵羊品种，具有性成熟早、繁殖力高、四季发情、前期生长速度较快、耐湿热、耐粗饲、宜舍饲、适应性强等优良性状，尤其是多羔性的遗传性能稳定，携带多胎基因（FecB）。所产羔皮花案美丽，肉质细嫩、鲜美、膻味少。今后应加大本品种选育的力度，突出湖羊羔皮性能和多羔性能的选育，在保证优质羔皮品质的基础上，提高其生长速度和肉用性能。

（2）小尾寒羊

小尾寒羊属肉裘兼用型绵羊地方优良品种，原产于黄河流域的山东、河北及河南一带，中心产区位于山东南部梁山、嘉祥、汶上、郓城、鄄城、巨野、东平、阳谷等地区。河北南部黑龙港流域，河南濮阳、安阳、新乡、洛阳、焦作、济源、南阳等地也有分布。

① 体型外貌。小尾寒羊被毛为白色，极少数羊眼圈、耳尖、两颊或嘴角以及四肢有黑褐色斑点。体质结实，体格高大，结构匀称，骨骼结实，肌肉发达。头清秀，鼻梁稍隆起，眼大有神，嘴宽而齐，耳大下垂。公羊有较大的三棱形螺旋状角，母羊半数有小角或角基。公羊颈粗壮，母羊颈较长。公羊前胸较宽深，鬐甲高，背腰平直，前后躯发育匀称，侧视略呈方形。母羊胸部较深，腹部大而不下垂；乳房容积大，基部宽广，质地柔软，乳头大小适中。四肢高而粗壮有力，蹄质坚实。属短脂尾，尾呈椭圆扇形，下端有纵沟，尾尖上翻。小尾寒羊公羊见图1-12。

图1-12　小尾寒羊公羊（朱德建 拍摄）

② 生产性能

a. 产肉性能。小尾寒羊生长发育快，3月龄羔羊断奶体重公羔(27.7±0.71)千克，母羔（25.10±0.96）千克。肉品质好、蛋白质含量高、氨基酸丰富、肉味浓郁，为肉中之佳品。据测定，肌肉中含水分78.64%、粗蛋白质19.55%、粗灰分1.03%。

b. 产毛性能。小尾寒羊被毛异质，按毛丛结构可分为三种：粗毛型被毛中有髓毛直而粗，裘皮型被毛呈毛股结构，细毛型被毛部分为毛丛结构。

小尾寒羊一年剪毛两次。剪毛量公羊3.5千克，母羊2.1～3.0千克；毛纤维类型重量百分比为有髓毛11.6%、无髓毛75.1%、两型毛11.1%、干死毛2.2%。有髓毛直径平均为49.2微米。被毛长度公羊20.6厘米，母羊10.8厘米；羊毛密度公羊1662.3根／平方厘米，母羊1524.8根／平方厘米；净毛率平均65.54%。

c. 裘皮品质。裘皮型小尾寒羊，羔皮皮板轻薄，毛较清晰，具有波浪形弯曲，花纹美观，以30～60日龄羔羊剥取的大毛皮品质最好。皮较结实，弯曲数平均3.2个，有花面积占98.61%±1.41%。皮板质地坚韧、弹性好，适于制革。

d. 泌乳性能。小尾寒羊母羊乳房发育好、产乳性能好，据测定平均日产乳量645克、乳脂率7.94%、乳蛋白率5.80%、乳糖率3.97%、干物质18.59%。

e. 繁殖性能。小尾寒羊性成熟早，公羊6月龄性成熟，母羊5月龄即可发情，当年可产羔。初配月龄公羊为12月龄，母羊为6～8月龄。母羊常年发情，但以春、秋季较为集中；发情周期16.8天，发情持续期为29.4小时，妊娠期148.5天；年平均产羔率267.1%，羔羊断奶成活率95.5%。绝大部分母羊一年产两胎，每胎产两羔者非常普遍，三四羔也常见，最高可产七羔，产羔率随胎次的增加而提高。

③ 饲养管理。以舍饲为主，放牧为辅。羔羊一般随母羊放牧或舍饲。饲草饲料主要来源于农副产品，给配种期公羊与怀孕、哺乳期母羊酌情补料。

④ 品种保护和研究利用。采用保种场保护。山东省于1980年由农业部投资建成了小尾寒羊保种场——嘉祥种羊场。2002年对嘉祥和梁山两县小尾寒羊进行了品种登记。河南省在1990年建立了河南小尾寒羊保种场，划定区域开展选育。2008年山东省嘉祥种羊场列入国家级畜禽遗传资源保种场。小尾寒羊1989年收录于《中国羊品种志》，2014年列入《国家级畜禽遗传资源保护名录》。我国2008年12月发布了《小尾寒羊》国家标准（GB/T 22909—2008）。

⑤ 品种评价。小尾寒羊具有性成熟早、繁殖率高、生长发育快、屠宰率高、肉质细嫩、裘用价值高、适应性强、耐粗饲等优良特点，且遗传性能稳定，是我国高繁殖性能绵羊品种之一，携带控制高产羔数的FecB基因，可作为肉羊生产的母本品种。小尾寒羊被国家定为名畜良种，被人们誉为中国"国宝"、"世界超级羊"及"高腿羊"。今后应进一步加强本品种选育，在增大体格的同时，加强高繁品系的培育，不断提高其产肉性能及总体经济效益。

（3）蒙古羊

我国三大粗毛绵羊品种之一，也是我国分布地域最广的古老品种，数量最多，是我国绵羊业的主要基础品种。蒙古羊产于蒙古高原，中心产区位于内蒙古自治区锡林郭勒盟、呼伦贝尔市、赤峰市、乌兰察布市、巴彦淖尔市等。

① 体型外貌。蒙古羊体躯被毛为白色，头、颈、眼圈、嘴与四肢多为有色毛。体质结实，骨骼健壮，肌肉丰满，体躯呈长方形。头略显狭长，额宽平，眼大而突出，鼻梁隆起，耳小且下垂。部分公羊有螺旋形角，少数母羊有小角，角色均为褐色。颈长短适中，胸深，背腰平直，肋骨开张欠佳，体躯稍长，尻稍斜。四肢细长而强健有力，蹄质坚硬。短脂尾，呈圆形或椭圆形，肥厚而充实，尾长大于尾宽，尾尖卷曲呈"S"形。

② 生产性能

a. 产肉性能。据锡林郭勒盟畜牧工作站2006年9月对15只成年蒙古羯羊进行的屠宰性能测定，平均宰前活重63.5千克，胴体重34.7千克，屠宰率54.6%，净肉重26.4千克，净肉率41.7%。

b. 产毛性能。剪毛一般在每年5～6月份，剪毛量公羊1.5～2.2千克，母羊为1.0～1.8千克；被毛自然长度公羊8.1厘米，母羊7.2厘米。羊毛品质因地区不同存在一定差异，一般自东向西有髓毛减少，无髓毛和两型毛增多。

c. 繁殖性能。蒙古羊初配年龄公羊18月龄，母羊8～12月龄。母羊为季节性发情，多集中在9～11月份；发情周期18.1天，妊娠期147.1天；年平均产羔率103%，羔羊断奶成活率99%。羔羊初生重公羔4.3千克，母羔3.9千克；放牧情况下多为自然断奶，羔羊断奶重公羔35.6千克，母羔23.6千克。

③ 饲养管理。蒙古羊体质结实、抗逆性强，具有良好的放牧采食和抓膘能力。适应大陆性草原气候和放牧饲养条件，除冬春遇到风雪灾害天气或是在接羔时要适当补饲青干草外，其余时间采取全年放牧饲养。羔羊常与成年羊合群放牧。

④ 品种保护和研究利用。尚未建立蒙古羊保护区和保种场，未进行系统选育，处于农牧民自繁自养状态。蒙古羊是我国分布地域最广的古老品种，1985年收录于《内蒙古家畜家禽品种志》，1989年收录于《中国羊品种志》。2007年列入《内蒙古自治区畜禽品种保护名录》。

⑤ 品种评价。蒙古羊属于我国三大粗毛羊品种之一，分布广、数量多，具有游走能力强、善于游牧、采食能力强、抓膘快、耐严寒、抵御风雪灾害能力强等特点。在育成我国新疆细毛羊、东北细毛羊、内蒙古细毛羊、敖汉细毛羊及中国卡拉库尔羊过程中，起过重要作用。蒙古羊因分布地区不同其生产性能有差别，形成了几个不同的地方类群，今后应根据各地特点，充分发挥其遗传潜力，在保护和巩固优良特性的前提下，着重提高产肉性能及繁殖力。

（4）滩羊

我国独特的裘皮绵羊品种，目前开发利用以食肉为主，主产于宁夏盐池等县，分布于宁夏及其毗邻的甘肃、内蒙古、陕西等地。

滩羊体躯被毛为白色，纯黑者极少，头、眼周、颊、耳、嘴端多有褐色、黑色斑块或斑点。体格中等，鼻梁稍隆起，眼大、微突出。公羊有大而弯曲的螺旋形角，大多数角尖向外延伸，其次为角尖向内的抱角和中、小型弯角；母羊多无角，有的为小角或仅留角痕。头、四肢、腹下和尾部毛较体躯毛粗。

滩羊成年公羊平均体重47.0千克，成年母羊35.0千克；成年羯羊的屠宰率为45.0%，成年母羊为40%。滩羊7～8月龄性成熟，每年8～9月份为发情配种旺季。一般年产一胎，产双羔很少。产羔率101%～103%。

滩羊耐粗放管理，遗传性稳定，对产区严酷的自然条件有良好的适应性，是优良的地方品种。

（5）兰坪乌骨绵羊

以产肉为主的地方绵羊品种，是云南省兰坪县特有的、世界上唯一呈乌骨乌肉特征的哺乳动物，是一种十分珍稀的动物遗传资源。

兰坪乌骨绵羊成年公羊平均体重47.0千克，体高66.5厘米；成年母羊平均体重为

37.0千克，体高为62.7厘米。公羊性成熟为8月龄，母羊性成熟为7月龄；公羊初配年龄为13月龄，母羊初配年龄为12月龄；发情周期为15～19天；繁殖季节多在秋季；妊娠期5个月；大部分母羊两年三胎，羔羊初生重约2.5千克；羔羊成活率约95%。兰坪乌骨绵羊屠宰率公羊49.2%，母羊43.4%。

1.2.1.2　我国自主培育的主要肉用绵羊品种

（1）巴美肉羊

巴美肉羊属于肉毛兼用型品种，是根据巴彦淖尔市自然条件、社会经济基础和市场发展需求，由内蒙古巴彦淖尔市家畜改良站等单位的广大畜牧科技人员和农牧民经过40多年的不懈努力和精心培育而成的体型外貌一致、遗传性能稳定的肉羊新品种。

巴美肉羊成年公羊平均体重101.2千克，成年母羊体重60.5千克，育成公羊71.2千克，育成母羊50.8千克，6月龄羔羊平均日增重230克，胴体重24.95千克；屠宰率51.13%。初产年龄为1.0岁，经产羊两年三胎，产羔率为150%以上。

巴美肉羊具有较强的抗逆性和良好的适应性，耐粗饲，觅食能力强，采食范围广，适合农牧区舍饲、半舍饲饲养。羔羊育肥快，是生产高档羊肉产品的优质羔羊。近年来以其肉质鲜嫩、无膻味、口感好而深受加工企业和消费者青睐。

（2）鲁中肉羊

鲁中肉羊是以引进南非白头杜泊羊与湖羊为育种素材，历经15年，成功培育出的适合我国北方地区舍饲圈养的专门肉用绵羊新品种。2020年12月31日获得"鲁中肉羊"新品种证书。

① 体型外貌。全身被毛白色，头清秀，鼻梁隆起，耳大稍下垂，颈背部结合良好。胸宽深，背腰平直，后躯丰满，四肢粗壮，蹄质坚实，体型呈桶状结构，公母羊均无角，瘦尾。

② 生长发育性能。3月龄公羔体重27.65千克，母羔27.46千克；成年公羊平均体重102.45千克，母羊70.51千克。

③ 繁殖性能。母羊常年发情，两年三产，母羊平均产羔率为231.83%。

④ 产肉性能。肉羊育肥至6月龄，公羔体重达51.35千克，平均日增重312克，屠宰率54.85%，胴体净肉率81.66%。

⑤ 羊肉品质。羊肉中粗蛋白质含量20.28%，粗脂肪3.14%，氨基酸总含量18.67%。硬脂酸含量低，膻味轻，胆固醇含量低，属优质高档羊肉。

1.2.1.3　我国从国外引入的主要绵羊品种

我国目前引进的肉用绵羊品种，不但自身生产性能好，而且还被广泛用于世界各地的肉羊品种改良与培育，对肉羊整体生产水平提高起到了积极的作用。主要品种如下。

（1）杜泊羊

杜泊羊，原产于南非，用南非土种绵羊黑头卡拉库尔母羊作为母本，引进英国有角陶赛特羊作为父本杂交培育而成，是国外的肉用绵羊品。无论是黑头杜泊羊还是白头杜泊羊，除了头部颜色和有关的色素沉着不同，它们都携带相同的基因，具有相同的品种特点，是同一品种的两个类型。杜泊绵羊品种标准同时适用于黑头杜泊羊和白头杜泊羊。

杜泊羊早期生长快，胴体瘦肉率高，肉质细嫩多汁，膻味轻，口感好，特别适用于肥羔生产，国际上被誉为"钻石级"绵羊肉，具有很高的经济价值。杜泊羊100日龄平均体重公羔34.72千克、母羔31.29千克。成年公羊平均体重105千克，成年母羊83千克。正常情况下，产羔率为140%，其中产单羔母羊占61%，产双羔母羊占30%，产三羔母羊占4%。但在良好的饲养管理条件下，可进行两年三胎，产羔率180%。母羊泌乳力强，护羔性好。

杜泊羊体质结实，食草性广，不择食，耐粗饲，抗病力较强，性情温驯，合群性强，易管理。杜泊羊对炎热、干旱、潮湿、寒冷等多种气候条件和生态环境有良好的适应性，并能随气候变化自动脱毛。

近些年来，杜泊羊纷纷被世界上主要羊肉生产国引进。我国从2001年开始引入，目前主要分布在山东、陕西、天津、河南、辽宁、北京、山西、云南、宁夏、新疆、甘肃和安徽等省、自治区或直辖市，用其与当地羊杂交，效果显著。

（2）萨福克羊

原产于英国英格兰东南部的萨福克、诺福克、剑桥和艾塞克斯等地。该品种羊是以南丘羊为父本，以当地体型较大、瘦肉率高的旧型黑头有角诺福克羊为母本进行杂交培育，于1859年育成。

萨福克羊产肉性能好，经育肥的4月龄公羔胴体重24.2千克，4月龄母羔为19.7千克，并且瘦肉率高，是生产大胴体和优质羔羊肉的理想品种。美国、英国、澳大利亚等国都将该品种作为生产肉羔的终端父本品种。现广泛分布于世界各地，是世界公认的用于终端杂交的优良父本品种。我国从20世纪70年代起先后从澳大利亚、新西兰等国引进黑头萨福克羊，主要分布在新疆、内蒙古、北京、宁夏、吉林、河北和山西等省、自治区、直辖市。作为引种方向，建议使用原产于澳大利亚的高产、大体型的白色萨福克羊，杂交改良效果和经济效益明显高于黑头萨福克羊。

（3）东佛里生羊

东佛里生羊是原产于德国东北部的一个乳用绵羊品种，是目前世界绵羊品种中产奶性能最好的品种。该品种体格大，体型结构良好，公羊、母羊均无角，被毛白色，偶有纯黑色个体，体躯宽而长，腰部结实，肋骨拱圆，臀部略有倾斜，长瘦尾，无绒毛；乳房结构优良，宽广，乳头良好。对温带气候条件有良好的适应性。

东佛里生羊成年公羊体重90～120千克，成年母羊70～90千克。母羊260～300

天产奶量550～810千克，乳脂率6%～6.5%，产羔率200%～230%。

东佛里生羊是经过几个世纪的良好饲养管理和认真的遗传改良培育出的高产奶量品种，该品种性情温顺，适合固定式挤奶系统。这一品种用来同其他品种进行杂交以提高产奶量和繁殖力。在有的国家被用于培育合成母系和新的乳用品种。我国最近十几年来，北京、陕西、内蒙古等地陆陆续续引入进行纯种繁育（纯繁），用来改良本地绵羊，提高杂交后代的产乳性能，效果显著。但东佛里生羊的适应性有待提高，肺炎发生率较高。今后，应加强对东佛里生羊的适应性、耐粗饲方面的选育。

（4）澳洲白绵羊

原产于澳大利亚新南威尔士州，是澳大利亚澳洲白绵羊育种者协会集成白头杜泊羊、万瑞绵羊、无角陶赛特羊和特克赛尔羊的品种优良基因，采取特定比例的基因组合培育而成的粗毛型专门化肉羊品种。现分布于澳大利亚、中国等地。

澳洲白绵羊公、母均为无角，头和体躯白色。皮厚、被毛为粗毛粗发。头略短小，宽度适中，鼻梁宽大，略微隆起，耳大向外平展，颈长粗壮。肩胛宽平，胸深，背腰长而宽平，臀部宽而长，后躯深，肌肉发达饱满，体躯侧看呈长方形，后视呈方形。体质结实，结构匀称，四肢健壮，前腿垂直，后腿分开宽度适中，蹄质结实呈灰色或黑色。

母羊常年发情，性成熟5～8月龄，发情周期14～20天，妊娠期147～150天，母性和泌乳能力较强，产羔率为130%～180%。初次配种年龄在10～12月龄。种公羊可常年配种，初配年龄12～14月龄。

（5）无角陶赛特羊

原产于大洋洲的澳大利亚和新西兰。该品种是以雷兰羊和有角陶赛特羊为母本，考力代羊为父本进行杂交，杂种羊再与有角陶赛特公羊回交，然后选择所生的无角后代培育而成。无角陶赛特羊具有早熟、生长发育快、全年发情和耐热及适应干燥气候等特点。

（6）夏洛来羊

原产于法国中部的夏洛来地区，是以英国莱斯特羊、南丘羊为父本与夏洛来地区的细毛羊杂交育成的，具有早熟、耐粗饲、采食能力强、育肥性能好等特点，是最优秀的肉用绵羊品种之一。

（7）特克赛尔羊

原产于荷兰，为肉用细毛羊品种，是用林肯羊和莱斯特羊与当地羊杂交选育而成的。具有多胎、羔羊生长快、体大、产肉和产毛性能好等特征，是国外肉脂绵羊名种之一，是肉羊育种和经济杂交非常优良的父本品种。

（8）德国肉用美利奴羊

原产于德国，体格大，体质结实，结构匀称，头颈结合良好，胸宽而深，背腰平直，臀部宽广，肥肉丰满，四肢坚实，体躯长而深，是良好肉用型。

（9）罗姆尼羊

原产于英国东南部的肯特郡罗姆尼和萨塞克斯郡，故又称肯特羊。现除英国以外，罗姆尼羊在新西兰、阿根廷、乌拉圭、澳大利亚、加拿大、美国和俄罗斯等国均有分布，而新西兰是目前世界上饲养罗姆尼羊数量最多的国家。

1.2.2 主要的山羊品种资源

根据《国家畜禽遗传资源品种名录（2021年版）》，山羊78个品种，包括地方品种60个、培育品种12个、引入品种6个。具体情况见表1-2。

表1-2 国家畜禽遗传资源品种名录（2021年版）——山羊

地方品种					培育品种	引入品种
西藏山羊	闽东山羊	湘东黑山羊	川南黑山羊	马关无角山羊	关中奶山羊	萨能奶山羊
新疆山羊	赣西山羊	雷州山羊	川中黑山羊	弥勒红骨山羊	崂山奶山羊	安哥拉山羊
内蒙古绒山羊	广丰山羊	都安山羊	古蔺马羊	宁蒗黑头山羊	南江黄羊	波尔山羊
辽宁绒山羊	尧山白山羊	隆林山羊	建昌黑山羊	云岭山羊	陕北白绒山羊	努比亚山羊
承德无角山羊	济宁青山羊	渝东黑山羊	美姑山羊	昭通山羊	文登奶山羊	阿尔卑斯奶山羊
吕梁黑山羊	莱芜黑山羊	大足黑山羊	贵州白山羊	陕南白山羊	柴达木绒山羊	吐根堡奶山羊
太行山羊	鲁北白山羊	酉州乌羊	贵州黑山羊	子午岭黑山羊	雅安奶山羊	—
乌珠穆沁白山羊	沂蒙黑山羊	白玉黑山羊	黔北麻羊	河西绒山羊	罕山白绒山羊	—
长江三角洲白山羊	伏牛白山羊	板角山羊	凤庆无角黑山羊	柴达木山羊	晋岚绒山羊	—
黄淮山羊	麻城黑山羊	北川白山羊	圭山山羊	中卫山羊	简州大耳羊	—
戴云山羊	马头山羊	成都麻羊	龙陵黄山羊	牙山黑绒山羊	云上黑山羊	—
福清山羊	宜昌白山羊	川东白山羊	罗平黄山羊	威信白山羊	疆南绒山羊	—

1.2.2.1 我国主要的地方山羊品种

（1）黄淮山羊

因广泛分布在黄淮流域而得名，饲养历史悠久。中心产区是河南省周口市的沈丘县、淮阳区、项城市、郸城县和安徽省阜阳市等地，故又名徐淮白山羊、安徽白山羊和河南槐山羊。

黄淮山羊全身白色，被毛有光泽。躯体高，体躯长，体质结实，结构匀称，骨骼较细。头长清秀，鼻直，眼大，耳长而立。面部微凹，下颌有髯。分有角和无角2种类型，67%左右的羊有角，有角者，公羊角粗大，母羊角细小，向上向后伸展呈镰刀状；无角者，仅有0.5～1.5厘米的角基。颈中等长，胸较深，肋骨拱张良好，背腰平直，体躯呈桶形。种公羊体格高大，四肢强壮，头大颈粗，胸部宽深，背腰平直，腹部紧凑，外形雄伟，睾丸发育良好，有须和肉垂；母羊颈长，胸宽，背平，腰大而不下垂，乳房发育良好，呈半圆形。被毛白色，毛短有丝光，绒毛很少。

母羊4～5月龄性成熟，5～6个月体成熟。母羊常年可发情，以春季3～5月及秋季8～10月最为旺盛。平均产羔率为215%，其中第一胎最低，平均为165%，第四胎最高，为260%。7～10月龄的公羊宰前重平均为21.9千克，胴体重平均为10.9千克，屠宰率平均为49.29%；母羊宰前重平均为16.0千克，胴体重平均为7.5千克，屠宰率平均为47.13%。黄淮山羊皮板呈蜡黄色，细致柔软，油润光亮，弹性好，是优良的制革原料。

（2）马头山羊

湖北省、湖南省肉皮兼用的地方优良品种之一，主产于湖北省十堰、恩施等地区和湖南省常德、怀化等地区。

马头山羊全身被毛绝大多数为白色，次为杂色、黑色、麻色。被毛粗短、有光泽，公羊被毛较母羊长。体质结实，结构匀称。头大小中等，公羊、母羊均无角，皆有胡须；眼睛较大而微鼓，公羊耳大下垂，母羊耳小直立。颈细长而扁平。体躯呈圆桶状，胸宽深，背腰平直，部分羊背脊较宽（俗称"双脊羊"）。四肢坚实，蹄质坚硬，呈淡黄色或灰褐色。尾短小而上翘。

马头山羊有较好的肉用特征，成年公羊平均体重43.83千克，成年母羊体重35.27千克。马头山羊性成熟较早，母羔3～5月龄、公羔4～6月龄达性成熟，一年两胎或两年三胎，产羔率190%～200%。

马头山羊具有适应性强、性情活泼机灵、耐粗饲、多胎多产、早熟易肥、产肉率较高、肉味鲜美、皮板优等特性。但由于引入波尔山羊、南江黄羊等品种与其进行杂交，对马头山羊造成一定混杂，因而建议在马头山羊主产区进行合理规划，建立保种区和保种场，加强品种选育和保护。

（3）成都麻羊

成都麻羊属于优良肉皮兼用型山羊品种，分布于成都市的大邑县、双流区、邛崃市、崇州市、新津区、龙泉驿区、青白江区、都江堰市、彭州市及阿坝藏族羌族自治州的汶川县。

成都麻羊全身被毛短、有光泽，冬季内层着生短而细密的绒毛。体躯被毛呈赤铜色、麻褐色或黑红色。单根纤维的尖端为黑色，中间呈棕红色，基部呈黑灰色。公羊的黑色毛带宽，母羊的较窄，部分羊毛带不明显。公羊、母羊多有角，呈镰刀状。公羊及多数母羊下颌有毛髯，部分羊颈下有肉须。

成年公羊体重40～50千克，母羊体重30～35千克，成年羯羊屠宰率54%。成都麻羊性成熟早，一般3～4个月达到初情期，母羊初配年龄8～10个月，全年发情，产羔率210%。产奶性能也较好，一个泌乳期5～8个月，可产奶150～250千克，含脂率达6%以上。

成都麻羊体型较大，生长快，繁殖性能高，耐湿热，耐粗饲，食性广，适应性和抗病能力强，皮板品质优良，遗传性能稳定，肉质细嫩，营养丰富。

（4）麻城黑山羊

原称青羊，属于肉皮兼用型山羊地方品种。中心产区位于湖北省东北部的麻城市，分布于大别山南麓周边地区的红安、新洲、罗田、团风、金寨、新县、光山等地。

麻城黑山羊全身毛色为纯黑色，被毛粗硬，有少量绒毛，皮肤为粉色。体格中等，体躯丰满。头略长，近似马头状。额宽，耳大、眼大、突出有神。公羊、母羊绝大多数有角、有须。公羊角粗大，呈镰刀状，略向后外侧扭转；母羊角较小，多呈倒八字形，向后上方弯曲。角色为青灰色，无角者少。公羊腹部紧凑，母羊腹大而不下垂。四肢端正，蹄质坚实。尾短、瘦小。

麻城黑山羊公羊、母羊均为4～5月龄性成熟，初配年龄公羊、母羊均为8～10月龄。母羊常年发情，但以春、秋两季发情较多。产羔率205%，最高一胎可产羔5只。初生重公羔1.9千克，母羔1.7千克，断奶重公羔10.0千克，母羔9.0千克。

麻城黑山羊具有性成熟早、繁殖率高、抗逆性强、易放牧、生长快等优点，今后应加强本品种选育，着重提高其产肉性能和群体综合效益。

（5）长江三角洲白山羊

属笔料毛型山羊地方品种。主要分布于长江三角洲地区的江苏省南通市、苏州市和镇江市，上海市的崇明区，以及浙江省的金华、嘉兴市等。因其主产区集中在海门、启东、崇明一带，故习惯上称为"海门山羊"。

长江三角洲白山羊全身毛色洁白，被毛紧密、柔软、富有光泽。公羊颈背及胸部被有长毛，大部分公羊额毛较长。皮肤呈白色。体格中等偏小，体躯呈长方形。头呈三角形，面微凹，耳向外上方伸展。公羊、母羊均有角，向后上方伸展，呈倒八字形；公羊、母羊均有须。公羊背腰平直，前胸较发达，后躯较窄；母羊背腰微凹，前胸较窄，后躯较宽深。蹄壳坚实，呈乳黄色。尾短而上翘。

长江三角洲白山羊公羊、母羊均在4～5月龄性成熟，初配年龄公羊7～8月龄、母羊5～6月龄；两年三产或一年两产，产羔率230%，最高一胎产6羔。羔羊平均初生重1.37千克，45～60日龄断奶重8千克。

长江三角洲白山羊所产的毛料毛，主要是当年公羔颈脊部羊毛，挺直有锋、富有弹性，是制作湖笔的优良原料，是我国唯一以生产笔料毛为特征的肉、皮、毛兼用山羊品种。具有早熟多羔、耐高温和高湿、耐粗饲、适应性强、抗病力强等优良特性；主要缺点是个体较小、肉用性能较差。今后应加强本品种选育，保持和提高生产优质笔料毛的种质优势，着重提高其产肉性能。

1.2.2.2 我国自主培育的主要山羊品种

（1）南江黄羊

南江黄羊以努比亚山羊、成都麻羊、金堂黑山羊为父本，南江县本地山羊为母本，采用复杂育成杂交方法培育而成，其间曾导入吐根堡奶山羊血液。1998年，农业部批准为肉羊新品种。南江黄羊是全国首个进入中南海国宴的专用肉羊品种。

南江黄羊被毛黄色，毛短、紧贴皮肤，颜面、毛色黄黑色，鼻梁两侧有一对称黄白色纹，从枕部沿背脊有一条由宽而窄至十字部后渐浅的黑色毛带，公羊前胸、颈下毛黑黄色较长，四肢上端着生黑色较长的粗毛。体型大，头大小适中，耳大且长，鼻梁微拱；公羊、母羊分为有角与无角两种类型，其中有角者占61.5%，无角者占38.5%，角向上、向后、向外呈"八"字形；公羊颈粗短，母羊细长；颈肩结合良好，背腰平直，前胸深广，尻部略斜，四肢粗长，蹄质坚实，呈黑黄色，整个体躯略呈圆桶形。

南江黄羊周岁平均体重公羊37.72千克，母羊30.75千克；成年平均体重公羊67.07千克，母羊45.60千克。公羊初配年龄为12月龄，母羊初配年龄8月龄，平均产羔率220.83%。

南江黄羊产肉性能好，肉质细嫩，适口性好，体格高大，生长发育快，繁殖力高，耐寒、耐粗饲，采食力与抗逆力强，适应范围广。不仅适应我国南方亚热带农区，也适应北方亚热带过渡的暖温带湿润、半湿润生态类型区。现已推广到全国20多个省、自治区、直辖市，反应良好。与国内很多山羊品种杂交，均取得明显的杂交优势，体重的改进率为26.33% ～ 165.1%。

（2）简州大耳羊

原称简阳大耳羊，是努比亚山羊与简阳本地麻羊经过50余年，在海拔300 ～ 1500米的亚热带湿润气候环境下通过杂交、横交固定和系统选育形成的。2013年，农业部批准为肉羊新品种，简州大耳羊正式成为新中国成立以来继南江黄羊后，我国培育的第二个肉用型山羊品种，这两个肉羊品种皆属四川。

简州大耳羊头呈三角形，鼻梁微拱，有角或无角，头颈相连处呈锥形，颈呈长方形，结构匀称，体型高大，胸宽而深，背腰平直，臀部短而斜，四肢粗壮，蹄质坚硬，耳长下垂，母羊角较小，呈镰刀状；公羊下颌有毛髯。部分种颌下有肉髯。毛色以棕黄色为主，部分为黑色，富有光泽。

简州大耳羊平均体重成年公羊73.92千克，成年母羊47.53千克。公羊的初配期为8 ～ 9月龄，母羊为6 ～ 7月龄；产羔率约200%。

简州大耳羊具有生长速度快、产羔率高、适应性强、肉质好、膻味小、风味独特、皮板质量优良等特点，深受广大饲养户和消费者欢迎。目前，我国贵州、云南、湖南、广东、广西、湖北、陕西、河南等地引进了简州大耳羊，表现出了良好的适应性和很好的生产能力。

1.2.2.3　我国从国外引入的主要山羊品种

（1）波尔山羊

波尔山羊原产于南非，是世界上著名的肉用山羊品种，以体型大、增重快、产肉多、耐粗饲而著称。

波尔山羊体身为白色，头、耳和颈部为浅红色至深红色，但不超过肩部，广流星（前额及鼻梁部有一条较宽的白色）明显。体质结实，体格大，结构匀称。额突，眼大，鼻呈鹰钩状，耳长而大、宽阔下垂。公羊角粗大，向后、向外弯曲；母羊角细而直立。颈粗壮，胸深而宽，体躯深而宽阔、呈圆桶状，肋骨开张良好，背部宽阔而平直，腹部紧凑，臀部和腿部肌肉丰满。尾平直，尾根粗、上翘。四肢端正，蹄壳坚实、呈黑色，见图1-13。

图1-13　波尔山羊（朱德建 拍摄）

波尔山羊母羊5～6月龄性成熟，初配年龄为7～8月龄。在良好的饲养条件下，母羊可以全年发情，产羔率193%～225%；护仔性强，泌乳性能好。羔羊初生重3～4千克；羔羊断奶重20～25千克；周岁体重公羊50～70千克，母羊45～65千克；成年体重公羊90～130千克，母羊60～90千克。

从1995年开始，我国先后从德国、南非、澳大利亚和新西兰等国引入波尔山羊数千只，分布在陕西、江西、安徽和四川等20多个省、自治区、直辖市。种羊引入后，各地加强饲养管理，采用繁殖新技术，加快了扩繁速度，使其迅速发展。同时，用波尔山羊对当地山羊进行杂交改良，产肉性能明显提高，效果显著。

波尔山羊是世界上优秀的肉用山羊品种之一，具有肉用体型明显、生长速度快、产肉量高、适应性好等优点，杂交改良效果显著，深受各地群众欢迎。今后应加强系统选育，进一步提高其适应性和繁殖生产性能。

（2）萨能奶山羊

萨能奶山羊原产于瑞士，又名莎能奶山羊，是世界上最优秀的乳用山羊品种之一。

萨能奶山羊全身被毛为白色短毛，皮肤呈粉红色。具有奶畜典型的"楔形"体型。体格高大，结构紧凑，体型匀称，体质结实。具有头长、颈长、体长、腿长的特点。额宽，鼻直，耳薄长，眼大突出。多数羊无角，有的羊有肉垂。公羊颈部粗壮，前胸开阔，尻部发育好，部分羊肩、背及股部生有少量长毛；母羊胸部丰满，背腰平直，腹大而不下垂，后躯发达，尻稍倾斜，乳房基部宽广、附着良好、质地柔软，乳头大小适中。公羊、母羊四肢端正，蹄质坚实、呈蜡黄色。

萨能奶山羊性成熟早，为2～4月龄，初配时间为8～9月龄。繁殖率高，产羔率200%左右。羔羊初生重公羔3.5千克，母羔3.0千克；断奶重公羔30.0千克，母羔20.0千克；周岁重公羊50.0～60.0千克，母羊40.0～45.0千克；成年羊体重公羊75～95千克，母羊55～70千克。

萨能奶山羊泌乳性能好，乳汁质量高，泌乳周期一般为8～10个月，以第3、4胎泌乳量最高，年产奶600～1200千克，最高个体产奶纪录3430千克。

萨能奶山羊具有体格高大、乳用体型典型、产乳性能好、乳汁优良、繁殖力高、适应性广、遗传性能稳定等优点，在我国奶山羊新品种如西农萨能奶山羊、关中奶山羊、崂山奶山羊及文登奶山羊等的培育过程中发挥了重要的作用。今后，应加强选育，进一步提纯复壮，不断增加品种数量。

（3）努比亚山羊

原产于埃及尼罗河上游的努比地区，又名努比山羊，是世界著名的奶肉兼用山羊。现在分布于非洲北部和东部，以及美国、英国、印度等地。努比奶山羊因原产于干旱炎热的地区，所以耐热性好，对寒冷潮湿的气候适应性差。用它来改良地方山羊，在提高肉用性能和繁殖性能方面效果较好。我国广西、四川等地都曾引入过该品种，属肉乳兼用型。

努比亚山羊原种毛色较杂，但以棕色、暗红多见；被毛细短、富有光泽；头较小，额部和鼻梁隆起呈明显的三角形，俗称"兔鼻"；两耳宽大而长且下垂至下颌部。引入中国地区的均为黄色，少数黑色，有角或无角，有须或无须，角呈三棱形或扁形螺旋状向后，直达颈部。头颈相连处肌肉丰满呈圆形，颈较长，胸部深广，肋骨拱圆，背宽而直，尻宽而长，四肢细长，骨骼坚实，体躯深长，腹大而下垂，乳房丰满而有弹性，乳头大而整齐，稍偏两侧。

1.3 销售渠道资源

1.3.1 当地市场资源

羊养得再好，如果卖不出去或出售价格太低，最后这一公里没做到位，想盈利很难。而想卖个高价，当地市场资源开发非常重要。羊只销售常分为批发和终端客户，批发一次走量大，主要面向羊的经纪人或屠宰场，但售价比较低；终端客户，量不一定大，但客源多，且价格浮动相对小些，价格一般高于批发价，中小规模化羊场想要成功，开发出当地中高端客户非常重要。

1.3.2 销售团队资源

有了好的产品，如果没有好的销售团队帮助，不能卖个好价格及时变现形成现金流，对养殖场也是很致命的。想要养羊成功，有个好的销售渠道也是很重要的。

1.4 其他资源

1.4.1 技术团队资源

科学技术是第一生产力，它是养好羊的核心。拥有一支好的技术团队，才能做好降本增效。如何做好生物安全、做好疫病防控、做好疾病预防，如何充分开发利用当地可利用资源，保证羊的营养需求同时降低饲喂成本，如何提高羊群生产性能，如何提高羊肉品质等，都需要一支强有力的技术团队，养殖场只有做好这些才能真正把羊养好，创造合理的利润。

1.4.2 政策资金扶持资源

在一些农业发展区域，当养羊规模及建设要求达到当地政策条件，就可以申请政策扶持项目，对一些前期投入比较大或计划扩大规模的羊场，是一项雪中送炭的好事，一定要抓住机会。还有些地方政府会设置产业扶贫专项资金，通过当地一定规模的羊场来帮扶贫困农户。但在养羊过程中，一定要稳扎稳打，不断提高养殖管理技术水平，做好降本增效，开发好消费市场，这些才是根本，如果只奔着国家政策，养羊失败的风险就相当大。

1.4.3 技术扶持资源

很多地方，当地政府都有技术扶持这项政策，这是广大牧场的一项好资源，在原来基础上有专家指导，助力降本增效，为牧场活力注入新能量，将能更好保证牧场高效运转。

第2章

羊场规划、建设以及配套设施与设备

2.1 羊场场址选择

2.1.1 地形、地势

羊喜干燥、通风，羊舍应建在地势较高处，其地下水位应在两米以上，这样可以避免雨季洪水的威胁和减少因土壤毛管水上升而造成的地面潮湿。以坐北朝南或坐西北朝东南方向的斜坡地最好，切忌在洼涝地、冬季风口等地建羊场。低洼、潮湿的地方容易发生羊腐蹄病，且易滋生各种微生物，从而诱发各种病，不利于羊的健康和生产。山区和丘陵地带可建在靠山向阳坡，但坡度不宜过大，南面应有广阔的场地作为运动场。背风向阳，特别是避开西北方向的山口和长形谷地，以保持场区小气候气温的相对稳定，减少冬春寒风的侵袭。作为羊场和运动场的所在地，地面应该平坦而稍有坡度，以便排水，防止地面积水和泥泞。地面坡度3%左右即可，坡度过大，建设施工不便，也会因雨水常年冲刷而使得场区坎坷不平。地形要开阔整齐，场地不要过于狭长或边角过多，场地狭长往往会影响建筑物合理布局，同时拉长了生产作业线，也使得场区的卫生防疫和生产不便。边角过多会造成场地浪费和加大防护设施的投资。

2.1.2 草料、水源

以舍饲为主的地区及集中育肥肉羊产区，羊场最好有一定的饲草、饲料基地及放牧草地。水源供水量充足，水质优良，以泉水、井水和自来水较理想。切忌在水源不足或受到严重污染的地方建场。

2.1.3 周边环境

羊场所在地要有便利的交通设施，要有卡车能通过的道路与公路相连，以便建设物资、饲料等生产物资的运入和产品的运出。为了满足羊场防疫的需要，主要圈舍应距离主干道、居民区500米以上，距离河道300米以上。

2.1.4 避免人畜争地

羊场所在地应选择荒坡闲置地或农业种植区域，禁止选择基本农田保护区。选择有广袤的种植区域、较大的粪污吸纳能力的场地。禁止在旅游区、自然保护区、人口密集区、水源保护区和环境公害污染严重的地区及国家规定的禁养区建设羊场。

2.1.5 土壤

场地的土壤情况对羊的健康有一定影响，土壤的透气性、透水性、吸湿性等都直接或间接地影响场区的空气、水质和土壤的净化。适合建设羊场的土壤应该是透气性好、易渗水、质地均匀、抗压性强的砂性土壤。这样雨后不会造成地面泥泞，易于保持环境干燥，减少病原菌、蚊蝇、寄生虫卵的生存和繁殖。另外砂性土壤也利于绿化种植和土壤自身的净化。

2.1.6 其他

规模化养羊场除一般照明用电外，还需安装一些饲料加工设备，因而应具备足够的电力，所以选有相应供电能力的地方较好。

2.2 相关备案手续及注意的事项

2.2.1 办理养殖场的操作步骤

投资新建一个养羊场，需要办好相关备案手续。操作步骤如下：

① 个人或公司应向村委会提出用地申请，并报乡镇（土地管理所、林业部门）同意审批。

② 到县/区市场监督管理局办理工商登记预核手续（场名预先核准）。

③ 到县级畜牧主管部门办理项目备案手续和生态环境部门办理环境评估手续。

④ 到县自然资源部门办理养殖用地备案手续。

⑤ 持场名预先核准通知书到畜牧兽医部门办理动物防疫条件合格证。

⑥ 持场名预先核准通知书和动物防疫条件合格证到县/区市场监督管理局办理营业执照。

2.2.2 办理养殖场的注意事项

（1）不能在水源保护区

饮用水源牵涉到千家万户的用水安全，因此，任何企业都禁止在水源保护地建设企业，对于有污染的养殖场来说，更不能选址在水源保护区。

（2）远离屠宰场和动物交易市场及养殖场所

养殖最怕的就是瘟疫疾病的传播，因此，在养殖场选址的时候，必须远离屠宰场和动物交易市场，这样可以避免交叉污染，对养殖场是安全的，同时，屠宰场和动物交易市场也可避免被传染的风险。

根据《动物防疫条件审查办法》第五条规定，养殖场距离屠宰场必须在500米以外，距离动物和动物交易市场必须在500米以外，距离畜禽养殖场必须在1000米以外，距离兽医站和兽医医院必须在200米以外，距离动物养殖场在500米以外，距离动物隔离场所和无害化处理地点必须在3000米以上。

（3）远离人口密集区

养殖场的建设必须远离人口密集区域，因为这样可以减少很多麻烦，减少因为养殖场出现瘟疫及其他原因引起的恐慌，同时还可以避免人畜交叉感染，降低彼此感染的风险。

（4）务必重视设施农用地审批手续

这一步很重要，没有办理农用地审批手续的养殖场，可能会被认定为违章建筑。需要拟订农业建设方案，其中包括项目名称、项目地点、用地面积、设施类型、用地规模等，并与土地所有者或土地承包经营者签订用地协议，向当地乡镇人民政府提交用地申请。经乡镇人民政府审核、县级农业行政主管部门审查、县自然资源部门审查，最后经县级人民政府审批。

2.3 常见羊舍类型及特点

肉羊场羊舍类型常因屋顶形式、平面布置、舍内外设置等有所不同，常见羊舍类型有以下几种。

2.3.1 房屋式

这种羊舍是羊场和农民普遍采用的羊舍类型之一，羊舍多为砖木结构，建筑也多采用长方形（图2-1）。在北方寒冷地区为冬春羊只怀孕产羔所使用，饮水、补饲多在运动场内进行，室内不设其他设备。

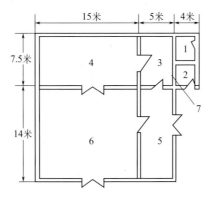

图2-1 房屋式羊舍结构示意

1—饲料室；2—饲养员通道；3—产羔圈；4—母羊圈；5—羔羊动物场；6—母羊运动场；7—观察窗

2.3.2 封闭双坡式

这种羊舍四周墙壁密闭性好，双坡屋顶跨度大（图2-2）。优点是冬季保温性能好，适合北方寒冷山区作冬季产羔舍。缺点是造价高，舍内设置运动场，有效利用面积小。

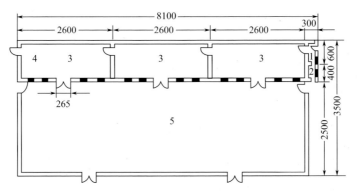

图2-2 可容纳600只母羊的封闭双坡式羊舍（单位：厘米）

1—值班室；2—饲料间；3—羊圈；4—通气管；5—运动场

2.3.3 开放、半开放结合单坡式

这种羊舍由开放和半开放两部分组成，平面布置成曲尺形（图2-3）。其优点是冬季挡风，夏季通风效果良好，造价较低。羊可以在这两种羊舍中自由活动，在半开放羊舍

中，可用活动围栏临时隔出或分隔出固定的母羊分娩栏。开放式羊舍利于羊只越夏，适合夏季较热、冬季不太冷的地区使用。

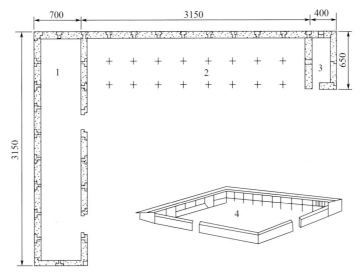

图2-3　开放、半开放结合单坡式羊舍（单位：厘米）

1—半开放羊舍；2—开放羊舍；3—工作室；4—运动场

2.3.4　半开放双坡式

这种羊舍平面布置既可为曲尺形，也可为长方形（图2-4、图2-5）。养羊生产中较为常见，建筑方便、实用。羊舍内依据跨度大小可设置单列或双列羊栏，并可依据羊只多少用活动隔栏临时分隔，使用较为方便。适合夏季较热、冬季寒冷的地区使用。

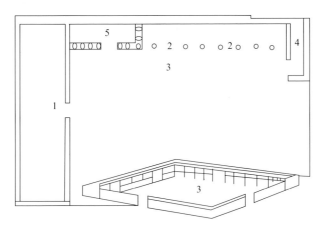

图2-4　半开放单列式普通羊舍

1—普通羊舍；2—羊棚；3—运动场；4—贮草棚；5—兽医室

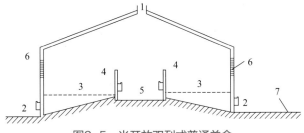

图2-5　半开放双列式普通羊舍

1—排气孔；2—排污孔；3—漏缝地板；4—羊栏、饲槽；5—饲喂通道；6—窗户；7—运动场

2.3.5　塑料大棚式

塑料大棚式羊舍是将房屋式和棚舍式的屋顶部分用塑料薄膜代替而建造的一种羊舍（图2-6）。这种羊舍具有经济实用、采光保温和通风性能好的特点。它可以利用太阳使羊舍升温，又能防止羊体热量的损失，从而保持羊舍温度。这种羊舍，一般是利用农村现有的简易敞圈及简易开放式羊舍的运动场，用铁、木等材料做好骨架，加上密闭的塑料膜而成。此羊舍适合寒冷山区或冬季使用。近年来，在我国北方冬季推广塑料暖棚养羊。

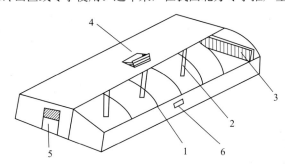

图2-6　单列半拱面塑料薄膜暖棚羊舍构造示意

1—竹片弓形棚架；2—顶柱；3—补饲槽；4—百叶窗排气孔；5—单扇门；6—进气孔

2.3.6　吊楼式

这种羊舍多利用坡地修建，距地面1～2米建成吊楼，双坡屋顶，后墙与山墙用片石砌成，前墙为立柱木栅栏墙（也有南北墙修成半截墙的），木条漏缝地面，缝隙1～1.5厘米。羊粪尿漏下后顺沿斜坡汇入羊舍后粪尿池。这种羊舍距地面一定高度，通风，防潮，结构简单，适合南方炎热潮湿山区采用。我国东北部山区和西南高寒山区也有修建此类羊舍的例子，但是在寒冷地区应注意羊舍的保暖性（图2-7）。

吊楼式羊舍的上层由羊床、围栏和双坡式顶棚搭建而成；下层是由支撑墙柱、矮墙、坡形地面组成的粪尿收集室；围栏围设在羊床四周，双坡式顶棚通过立柱固定在地面上；羊床为多根平行设置的方木，相邻两根方木之间间隔1.5厘米，正好使羊粪、羊尿等下漏至粪尿收集室，实现粪尿和羊的分离，保持上层圈舍干净卫生；双坡式顶棚包括三脚架、顶部横梁和顶棚盖板，顶部横梁焊接在三脚架上，顶棚盖板固定在顶部横梁上，顶棚盖板可采用石棉瓦、彩钢瓦或者防水帆布材质，三脚架固定在立柱的顶端（图2-7）。

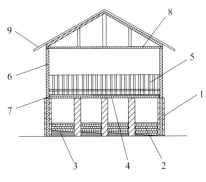

图2-7　吊楼式羊舍示意

1—支撑墙柱；2—矮墙；3—坡形地面；4—羊床；5—围栏；6—立柱；7—方木；8—三脚架；9—顶棚盖板

2.3.7　窑洞式

这种羊舍是一种不用木材，完全用砖建成的半圆拱屋面的窑洞式羊舍，多适用于土质好的山区，尤其适于木材缺乏的地区采用。其特点是造价低、建筑方便、经久耐用。这种羊舍冬暖夏凉，舍温变化范围小。其不足之处是采光不足和通风性能差。若在建筑时，适当扩大门窗面积，并在窑洞顶部打通风孔，可使不足之处得到适当的改善。砖拱羊舍，每一小拱宽为3.5米左右，拱长一般为35～50米，宽15米。西北寒冷、干燥和丘陵地区，可开挖窑洞，洞口搭建草棚，外设运动场和干草架。羊只拴牧、牵牧和放牧归来后圈于其中进行歇息、补饲或挤奶。作为羊舍的窑洞门窗要大，以便通风；洞口的草棚可以防止雨水内渗和夏天日光曝晒。

2.4　羊场建设规划布局

羊场建设的规划布局就是根据羊场的近期和远期规划，拟建场地的环境条件，科学确定各区域的位置，合理确定建筑物、绿化带、水电管线及道路的位置。场内各种建筑物的安排，要做到土地经济最大化利用，尽量做到布局整齐紧凑，建筑物间联系方便。羊场的规划布局是否科学合理将直接影响到羊场的环境控制和卫生防疫。集约化、规模化程度越高，规划布局就越显重要。所以羊场的规划布局一定要尽量做到科学合理。下面分享安徽省山区、丘陵地区和平原地区的代表性羊场（图2-8～图2-10）。

图2-8　山区：安徽田歌生态牧业有限公司羊场航拍（黄亮 拍摄）

图2-9　丘陵地区：安徽清河源特种养殖有限公司羊场航拍（黄亮 拍摄）

图2-10　平原地区：安徽恒丰牧业有限公司羊场航拍（黄亮 拍摄）

2.4.1 分区规划基本原则

羊场各功能区划定基本原则：一是在满足生产要求的前提下，做到节约用地，尽量少占耕地；二是建设规模化羊场时要因地制宜，根据当地的气候、场址地形地貌、土质及周边实际情况进行规划，以创造最有利的羊场环境、提高生产经济效益；三是要考虑到以后的发展，为以后发展留下空间。

2.4.2 分区规划要求

羊场规划要从人员和羊的保健角度出发，合理安排不同区域的建筑物位置，建立最佳的生产联系和卫生防疫条件。羊场一般包括3～4个功能区，即生活区、管理区、生产区和粪尿污水处理、病畜管理区。

羊场在布局时，应根据地势的高低、水流和常年主导风向，按人、羊、污物的顺序，将各种房舍和建筑设施按其环境卫生条件的需要给予排列（图2-11）。并考虑人的工作环境和生活区的环境保护，使其尽量不受饲料粉尘、粪便气味和其他废弃物的污染。

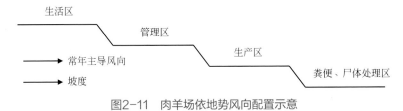

图2-11　肉羊场依地势风向配置示意

① 生活区。指职工文化住宅区。应在羊场上风头和地势较高地段，并与生产区保持100米以上距离，以保证生活区良好的卫生环境。

② 管理区。包括与经营管理、产品加工销售有关的建筑物。管理区要和生产区严格分开，保证5米以上距离，外来人员只能在管理区活动。

目前，国家大多数羊场在规划设计时，把生活区与管理区放在一起，生活、办公更方便，见图2-12。

③ 生产区。生产区应设在场区地势较低的位置，要能控制场外人员和车辆，使之不能直接进入生产区，要保证最安全、最安静。大门口设立门卫传达室、消毒室、更衣室和车辆消毒池，严禁非生产人员出入场内，出入人员和车辆必须经消毒室或消毒池进行消毒。生产区包括养殖生产区（图2-13）和生产辅助区（图2-14）。养殖生产主要包括各类型羊舍和运动场。羊舍要合理布局，分阶段分群饲养，按公羊舍、母羊舍、产房、羔羊舍、育成前期羊舍、育成后期羊舍顺序排列，各羊舍之间要保持适当距离，布局整齐，以便防疫和防火。但也要适当集中，节约水、电线路管道，缩短饲草饲料及粪便运输距离，便于科学管理。粗饲料库设在生产区下风口地势较高处，与其他建筑物保持60米防火距离。兼顾从场外运人，再运到羊舍两个环节。生产辅助区包括饲料库、饲料加工车间、变配电室、青贮窖、干草棚、机械车辆库等。饲料库、加工车间、青贮窖和干

草棚,离羊舍要近一些,位置适中一些,便于车辆运送草料,减小劳动强度。但必须防止羊舍和运动场因污水渗入而污染草料。所以,一般都应建在地势较高的地方。

④ 粪便、尸体处理区。在生产区下风地势低处,与生产区保持300米以上间距的地方建

图2-12 羊场办公生活区(黄亮 拍摄)

图2-13 羊场养殖生产区(黄亮 拍摄)

图2-14 羊场辅助生产区(黄亮 拍摄)

设粪便、尸体无害化处理区（图2-15）。尸坑和焚尸炉距畜舍300～500米。防止污水、粪尿废弃物蔓延污染环境。

图2-15　羊场粪便、尸体无害化处理区（黄亮 拍摄）

2.4.3　合理布局

羊场布局要兼顾卫生防疫和提高生产效率。国内的羊场平面布局示意见图2-16。

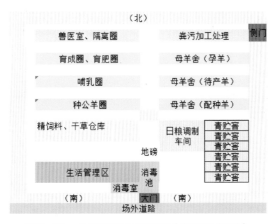

图2-16　羊场平面布局示意（詹迎谷 提供）

① 羊舍的布置设计。生产区是羊场的核心，而羊舍是生产区的核心。羊舍应布置在生产区的中心位置，排列整齐。羊舍之间的距离应考虑防疫、采光和通风的要求。前后两栋距离不少于8米，可扩大距离，建设运动场供羊运动、晒太阳和休息。羊舍朝向坐北朝南最好，由于地区差异，应综合考虑当地地形地势、主风向和其他条件，可因地制宜向东或向西适当偏转，以达到冬暖夏凉的效果，提高羊的舒适度。羊舍布局次序为先种羊，后依次为母羊、羔羊和育肥羊。为了减轻劳动强度，提高劳动生产率，应尽量做到紧凑地配置建筑物，以保证最短的运输、供电供水线路。

② 饲草饲料加工和储备类建筑物布局。饲草饲料加工间及储备间与外界联系比较频繁，应设在管理区的一侧，避免外来车辆进入生产区。加工间应靠近生产区，方便饲草

饲料的配送，另外边上应建设相应的饲草晒场，供晾晒草料。储备间里面应设计得宽敞些，以便堆放足够多的干草等，门的尺寸也应设计得足够大，以方便运送饲草饲料的车辆出入，减少搬运费用。

③ 青贮池。青贮池是青绿饲料、秸秆等饲料储存的池子。青贮池的大小要求是长方形池的宽度应小于或等于池的深度，一般以2.5 ~ 3米为宜，长度以原料多少而定，但不宜超过25米；圆形池直径以2米为宜。

④ 堆粪场。堆粪场应设在生产区的下风口、地势较低处，与生活区和生产区都应保持相对较远位置，最好保持100 ~ 200米的距离。定期清除羊舍内的羊粪，运往堆粪场堆放，利用微生物发酵腐熟，作为肥料出售或还田，也可以利用羊粪生产有机复合肥料。堆粪场要有遮雨棚和排污设施，以免污染周边环境。

⑤ 化粪池。化粪池是一种小型污水处理系统，包括一个水池及化粪系统。羊舍的污水通过管道进入水池后，细菌会对污物进行无氧分解，使得固体废物沉淀并且杀灭粪便中寄生虫卵和肠道致病菌，水质污染程度就会大大降低。

2.5 羊舍圈舍功能区设计

羊舍按生产需要可分为：育成羊圈、育肥羊圈、繁殖羊圈、哺乳母羊圈、种公羊圈。各类型的羊只所需面积参考表2-1。

表2-1 各阶段羊只所需面积　　　　　　单位：米²/只

羊类型	面积	羊类型	面积
育成羊、育肥羊	0.6 ~ 0.8	哺乳母羊	1.2 ~ 1.6
青年母羊	0.7 ~ 0.8	3 ~ 4月龄羔羊	0.3 ~ 0.5
空怀期、轻胎期母羊	0.8 ~ 1.0	群居公羊	1.8 ~ 2.5
重胎期母羊	1.1 ~ 1.3	独栏种公羊	4 ~ 6

2.6 养羊需要的设施设备

2.6.1 羊床

现代化肉羊养殖场建设，羊床是其中不可缺少的一部分。使用羊床有助于圈舍内粪便的打扫，有助于圈舍内的清洁卫生。只有好的环境，肉羊才能健康地生长，使用羊床无疑是提高圈舍内卫生条件的重要途径。使用羊床还能大大减少打扫圈舍的麻烦，从而节省人工成本。羊床有竹质、木质、水泥等材料的，其价格和优点也各有不同。

羊床的使用让羊舍一年四季都可以具有充分的通风，减少了病原微生物的积累，改善了室内空气的质量。肉羊养殖场在建设的过程中，一定要根据自己的条件和需要，合理地挑选羊床的材质。同时，考虑到羊床制作成本，就地取材也值得考虑。

① 竹质羊床。这类羊床，结实、耐用，使用年限长，价格低廉（图2-17、图2-18）。但是这类羊床不稳固，羊只站在上面易晃动，同时羊床表面不光滑。成年怀孕羊由于体重较大，站在上面十分不稳固，容易造成其机械性流产，给肉羊养殖带来损失。如果羊床表面不光滑，很容易割破肉羊蹄部，造成腐蹄病。在使用竹制羊床时，一定要把表面打磨光滑，这样能大大降低对肉羊蹄部的伤害。一般竹制羊床多用于育肥羊圈舍、羔羊圈舍、青年羊圈舍，不能用于怀孕羊、种公羊等体重较大的羊只。羊床寿命一般3～5年。

图2-17 竹质羊床（黄亮 拍摄）　　　图2-18 羊舍中铺置的竹质羊床（黄亮 拍摄）

② 木质羊床。这类羊床，制作简单、造价低，但是使用年限一般较短。相对来说较为稳固，羊只站在上面不会晃动。可以用于怀孕羊圈舍，而且冬天木质羊床不会发凉，十分有利于基础母羊的趴卧。但是受地区影响，很多地方由于木材较贵，许多肉羊养殖场只能选择其他羊床。

③ 水泥羊床。制作简单，使用年限较长，但是造价要稍高于前两类羊床。这类羊床是三种羊床里面最为稳固的，十分有利于怀孕羊的饲养。但是这类羊床也有它的缺点，那就是冬季较凉不利于趴卧。在冬季如果使用水泥羊床，一定要注意圈舍的保温工作。

④ 塑料羊床。优点如下。a.质量轻：安装运输搬运方便快捷。b.耐腐烂：在湿度较大的环境下比木条、竹条、铸铁（易碎）材料耐用。c.温差小：塑料的昼夜温差比铸铁的要小，有利于仔猪以及母猪的身体健康，以免温差大而受凉或烫伤。d.高承重：背面4根双承重梁设计，提高载重能力，试验测试大于500千克/米^2，可以安心地放养。

e. 易冲刷：可用清洗机的高压水枪冲刷，浑然天成没有夹缝，不容易藏纳污垢。f. 易装卸：漏粪板两侧有安装的卡槽，锯齿状无缝衔接，安装以及拆卸很方便。g. 防摔倒：漏粪板表面磨砂处理，增大接触面，提高摩擦力，从而预防动物摔倒受伤。

⑤ 丝网羊床。一般采用镀锌处理铁丝、钢丝或其他不易生锈的材质制作成网状羊床。

2.6.2 护栏

护栏是用木条、木板、钢管、钢筋、铁丝网等加工而成的高1.0米左右，长根据实际需要而定的栅栏。根据用途可分为固定围栏、分羊栏、母仔栏和羔羊补饲栏。

① 固定围栏。固定围栏用于大的羊圈分成若干小圈、食槽边和运动场周围。

② 分羊栏。在养羊的过程中，许多时候都要进行抓羊，这时就要用到分羊栏。比如给羊打针、剪毛、打耳标、鉴定、称重时，圈养的羊可以用活动围栏将羊围在羊圈的一个角落，放牧的羊可将活动围栏拼接成入口处为喇叭形，中间为仅容羊只单行的小通道，需要抓羊时将羊赶入通道即可。围栏的使用不仅方便了抓羊，还可以防止羊到处乱窜而造成损伤。

③ 母仔栏。母仔栏是为母羊产羔设计的，一般为两块栅板用铰链连接而成。使用时，将母仔栏在羊舍墙角展开，把游离的两边固定在墙壁上，即可围成1.2米×1.5米的母仔间（图2-19）。

④ 羔羊补饲栏。用于羔羊的补饲，可将多个栅栏在羊舍内或运动场内围成足够面积的围栏，在栏门口制作一个小羊能通过而大羊不能通过的栅门，栏内设置饲槽、水槽和草架。如开始给羔羊单独补饲时，把四方形的洞打开，让小羔羊进入到隔壁羊舍采食。也可以在母仔同圈中，单独为小羔羊设计一个补饲的料槽。羔羊专用补饲料槽设计应考虑让2月龄以下的羔羊自由采食，但小羊钻不进去，以保证料槽的干净卫生，且大羊头伸不进去，同时，羔羊专用补饲料槽应固定在羊床上，见图2-20。

图2-19　母仔羊舍示例（江喜春 拍摄）

图2-20　羔羊专用补饲料槽（黄亮 拍摄）

2.6.3　草料架

草料架的使用是为了方便羊采食饲草，减少羊只对饲草的踩踏，减少草料的浪费。根据建造方式和用途，大体可分为移动式、悬挂式、固定式饲槽，移动式、固定式草架以及草料结合的槽架。

① 移动式长条形饲槽。可用木板或铁皮制作，其大小尺寸根据羊只大小、数量灵活掌握，一般做成一端高一端低的长条形，横截面为梯形。饲槽两端最好安置临时性且装卸方便的固定架。主要用于冬春季补饲。

② 固定式长形饲槽。一般是在羊舍、运动场或专门的补饲场内，用砖石、水泥砌成的固定饲槽。若为双列对头羊舍，饲槽应修在靠走道一侧。放牧为主的羊舍，一般饲槽修在运动场内或其四周墙角处，而羊舍内使用可移动长条饲槽。固定式长形饲槽一般上宽50厘米、深20～25厘米，槽高40～50厘米，槽底为圆弧形（图2-21、图2-22）。

图2-21　固定式长形饲槽Ⅰ（江喜春 拍摄）　　图2-22　固定式长形饲槽Ⅱ（黄亮 拍摄）

③ 悬挂式饲槽。主要是用以断奶羔羊补饲，为防止羔羊攀踏，抢食翻槽，而将长条形小饲槽悬挂于羊舍补饲栏上方，高度以方便羔羊吃料为原则。

④ 草架。草架分单面和双面两种。单面饲草架靠墙固定，双面草架可移动，排放在饲喂场地。草架可用木料或钢筋制作，饲草架形状有直角三角形、等腰三角形，还有梯形和长方形，如果兼作料槽可在草架下半部加底板（图2-23、图2-24）。饲草架隔栅间距9～10厘米。当间距达15～20厘米时，羊头可伸入采食。

2.6.4　饮水设备

羊常用饮水设备类型有饮水槽和自动饮水器/碗。

① 饮水槽。其有固定式和可移动式。固定式饮水槽多用砖、水泥制成，一般一头底部会设有排水口，方便其清洗。移动式饮水槽多采用塑料、橡胶或不锈钢板制成，其特点是可移动，清洗方便。

图2-23 "V"形底部兼作料槽草架
（江喜春 拍摄）

图2-24 长方形底部兼作料槽草架
（江喜春 拍摄）

② 自动饮水器/碗。羊自动饮水器/碗一般是采用塑料和不锈钢制作，结构包括水杯和弹簧阀门两部分。其工作原理是当羊饮水时触动压板，压板推动出水阀，水从水管流入水杯供羊饮用；饮水后，压板在弹簧作用下复位，切断水路，停止供水。自动饮水器/碗相对水槽的优点是可以自动上水，节省了人力，同时还减少了水的污染和用水量。一般有简易型自动饮水器和饮水碗二种，见图2-25、图2-26。羊舍内自动饮水碗安装见图2-27。

图2-25 简易型自动饮水器（江喜春 拍摄）

图2-26 自动饮水碗（江喜春 拍摄）

图2-27 羊舍内的自动饮水碗（黄亮 拍摄）

2.6.5 消毒池

羊场生产区要设置消毒池，消毒池一般长4米、宽3米、深0.15米，池中常年保持有效的消毒水。条件允许的话，顶部设置自动喷雾消毒（图2-28）。

图2-28 顶部设有自动喷雾系统的消毒池（黄亮 拍摄）

2.6.6 饲草料车间和饲草饲料加工设备

（1）饲料棚

饲料棚主要用于存放精料原料（玉米、豆粕、麸皮、微量元素添加剂等）和粗料如花生秧草粉、大豆秸秆草粉，以及饲草料加工机组等（图2-29～图2-31）。

图2-29 精料原料饲料棚（詹迎谷 拍摄）

图2-30 干草类饲料棚（詹迎谷 拍摄）

规模化羊场一般建设干草棚，用于青干草的长期贮存，干草棚要有防雨、通风、防潮、防日晒功能，还要注意防火。选址应建在地势高的地方，或周边排水条件好的地方，同时棚内地面要高于周边地面，防止雨水灌入，一般要高于周边地面10厘米左右。

干草棚建筑应临近青贮窖、精料库，便于羊只日粮的制作。干草棚高应以4～5米为宜，建造草棚的钢材、彩钢瓦等建筑材料，一定要用国标产品，以免遭大风、强降雨、强降雪等恶劣气候造成草棚倒塌和渗漏，给羊场造成不必要的损失。干草棚建筑面积应依羊只数量而定，考虑干草储备为6个月量，1只繁殖母羊0.25平方米建设面积。

图2-31 精料加工机组饲料棚（詹迎谷 拍摄）

（2）饲草料加工机器

① 饲草收获机械。饲草收获机械有传统式收获机械系统、小方捆收获机械系统和大圆捆收获机械系统。如玉米秸秆收割、切碎收获机组，见图2-32。

② 铡草机。铡草机用于铡切青（干）玉米秸秆、稻草等各种农作物秸秆及牧草，见图2-33。一般由喂入机构、铡切机构、抛送机构、传动机构、行走机构、防护装置和机架等部分组成。

图2-32 玉米秸秆收割、切碎收获机组（黄亮拍摄）

图2-33 铡草机（黄亮 拍摄）

③ 粉碎机。粉碎机用于粉碎各种精料原料，使之达到合适的粗细度。类型主要有对辊式、锤片式和爪式三种：对辊式是一种利用一对做相对旋转的圆柱体磨辊来锯切、研

磨饲料的机械，具有生产率高、功率低、调节方便等优点；锤片式是一种利用高速旋转的锤片来击碎饲料的机械，具有结构简单、通用性强、生产率高和使用安全等特点；爪式是一种利用高速旋转的齿爪来击碎饲料的机械，具有体积小、重量轻、产品粒度细、工作转速高等优点。

④ 揉搓机。揉搓机是将农作物秸秆、饲草及其他农作物原料进行揉搓软化，使其成为优质饲料的机械。一般由机架、喂料槽、挤丝机构、揉搓粉碎机构和动力机构五部分组成。

⑤ 饲料混合机。混合机是利用机械力和重力等，将两种或两种以上物料均匀混合起来的机械设备。在混合的过程中，还可以增加物料接触表面积，以促进化学反应；还能够加速物理变化。常用的混合机分为气体和低黏度液体混合机、中高黏度液体和膏状物混合机、粉状与粒状固体物料混合机和热塑性物料混合机四大类。

⑥ 颗粒饲料机。颗粒饲料机（又名饲料颗粒机、颗粒饲料成型机），属于饲料制粒设备，是将玉米、豆粕、秸秆、草、稻壳等的粉碎物直接压制成颗粒的饲料机。颗粒饲料机，分为环模颗粒饲料机（图2-34）、平模颗粒饲料机、对辊颗粒饲料机；按用途可分为小型家用颗粒饲料机、秸秆颗粒饲料机、混合料颗粒饲料机。

⑦ 青贮饲料打包机。青贮饲料打包机能将青贮饲料进行打捆包膜，适用于玉米秸秆、黄豆秸秆、紫花苜蓿、地瓜藤、花生秧等草料的青贮（图2-35）。

图2-34　环模颗粒饲料机（黄亮 拍摄）　　　图2-35　青贮饲料打包机（黄亮 拍摄）

⑧ 青贮料取料机。大规模羊场一般采用大型铲车进行青贮料取料（图2-36）；中等规模羊场采用青贮专用取料机取料。

⑨ 全混合日粮搅拌机。是一种将粗料、精料、矿物质、维生素和其他添加剂充分混合的机器。同时，搅拌机里面配有切割刀具，可将玉米秸秆、青贮饲料、长草、大圆捆草以及其他秸秆等纤维性原料投入搅拌机内切碎和混合。据产品外观形状，可分为立式和卧式两种，其中立式又分为固定式和牵引式；卧式又分为固定式和自走式。图2-37为立式全混合日粮搅拌机。

图2-36 用于青贮取料的铲车（黄亮 拍摄）　　图2-37 立式全混合日粮搅拌机（黄亮 拍摄）

（3）撒料机器

小型羊场一般采用人力拉（推）车（图2-38）。规模化羊场一般采用自动撒料机器，根据机器动力，可分为电动撒料车（图2-39）、机动撒料车（图2-40）。

图2-38 人力拉（推）车（黄亮 拍摄）　　图2-39 电动撒料车（江喜春 拍摄）

图2-40 机动撒料车（江喜春 拍摄）

2.6.7 通风设备

羊舍常用通风设备为无动力风机。无动力风机是利用自然界的自然风速推动风机的涡轮旋转，及利用室内外空气对流的原理，将任何平行方向的空气流动，加速并转变为由下而上垂直的空气流动，以提高室内通风换气效果的一种装置（图2-41）。该风机不用电，无噪声，可长期运转。其根据自然风压、空气温差和气流流动原理，合理化设置在羊舍的屋顶，能迅速排出羊舍内的热气和污浊气体，改善羊舍内环境，促进羊的健康成长。

图2-41　羊棚顶部安装无动力风机（江喜春 拍摄）

2.6.8　药浴设施

羊药浴是将羊只浸泡在用一种药品（固体或液体）配成的一定比例的药液中适宜时间，然后取出，从而达到杀灭体外寄生虫目的的一种方法。其是羊饲养管理中不可缺少的一项工作，是预防和治疗羊体外寄生虫的很好方法。规模化养殖场为了预防，对没有体外寄生虫的羊每年也要进行一次药浴。常见的药浴设施有药浴池和药浴缸。

① 药浴池。药浴池适用于规模化羊场，应在不对人、畜、水源、环境造成污染的地点建药浴池。一般用水泥、砖、石头等材料筑成，形状呈长方形水沟状。池深1.0～1.2米，长10米左右，池底部宽30～60厘米，池顶部宽60～80厘米，以单只羊能通过而不能转身为准。池的进口处筑成"V"字形入口，出口处设置水泥地面的滴流台，地面稍微向池内倾斜，羊出水后在滴流台处停留一会，使滴下来的药水流回池内。

② 药浴缸。药浴缸适用于小型羊场。使用时缸内装大半缸药水，由两人将羊提着放入药水中。

2.6.9　人工授精设备设施

大、中型羊场繁殖母羊较多，为使能繁母羊适时配种和优秀种公羊得到充分利用，应建立人工授精室和配套设施。人工授精由采精室、精液检查室和输精室三部分组成，面积大小依羊群数量而定。配套设施有种公羊圈、试情公羊圈及待配母羊圈等。

精液检查室和输精室，要求光线充足，为了防止灰尘，精液检查室要有顶棚。室温要求保持在18～25度。面积：采精室8～12平方米，精液检查室8～12平方米，输精室20平方米。种公羊圈要求干燥、阳光充足，如为羊舍改建，要求有简易门窗，每只公羊应占有2.5～3平方米面积。输精室和采精室内应设置足够数量的输精架和采精架。

为保证羊人工授精工作的正常进行，各人工授精站必须设置一些常用物品器械，如假阴道内胎、假阴道外壳、输精器、集精瓶（杯）、开膛器等（图2-42），以及常用的各种兽医药品和消毒药品。

图2-42　开膛器、输精器、集精瓶和假阴道（黄亮 拍摄）

2.6.10　雨水污水分离和净道污道分离设施

雨水污水分离设施：需要建设雨水收集明渠和铺设畜禽粪污水的收集管道，保证雨水与粪污水的完全分离。首先，在畜禽养殖厂房的屋檐雨水侧，修建或完善雨水明渠，雨水明渠的基本尺寸为0.3米×0.3米，可根据情况适当调整，雨水经明渠直接流入一级生态塘。其次，在畜禽养殖厂房的污水直接排放口或污水收集池排放口铺设污水输送管道，管道直径在200毫米以上，采用重力流输送的污水管道，管底坡度不能低于2%，将收集的畜禽污水输送到厌氧发酵系统的化粪池中。

净道污道分离设施：羊场周转道也就是净道，主要用于羊只周转，饲养员行走和运料等都要通过此道；病死羊只和粪污等废弃物出场道也就是污道，主要用于粪污等废弃物运出。这两个通道必须分别设置，要根据羊场的大小事实规划设计。净道一般通过消毒池或消毒室与生活区相连接，而污道则与隔离区相连。净道和污道的设计与布局不仅要科学合理，还要便于行走，便于生产管理。必要时和在有条件的情况下在道路两旁可种植树木进行绿化，这样有助于美化场区环境。在场区规划设计建设中，要切实考虑生产区净道和污道的布局，做到利于生产，合理科学，便于行走。两道要进行硬化，各行其道，决不允许交叉或两条道共用。在有必要的地方和显著位置设置障碍或相关提示语，工作人员和有必要进入人员要严格要求自己。在行走方向上，净道容许往返行走，而污道一般为单向行走。

2.6.11　磅秤和羊笼

为了给羊称重方便，羊场应该设置小型磅秤。另外需要制作一个长方体的装羊用的笼子，可用木头、钢管或钢筋制作，一般长1.3米、宽0.6米、高1.0米左右。羊笼两端各开一个活动门。

2.6.12　剪毛设备

绵羊和绒山羊需要定期剪毛。常用剪羊毛设备有机械式羊毛剪和电动式羊毛剪。其中电动羊毛剪和手动羊毛剪的不同是电动羊毛剪由电机驱动，剪切力量大，效率高。电动羊毛剪在我国机械产品目录里的名称是：剪羊毛机，俗称"电动羊毛推子"或者"剪羊毛电推"。

2.6.13　青贮设施

青贮饲料，是指青绿饲料经控制发酵而制成的饲料。青贮饲料有"草罐头"美誉，多汁适口，气味酸香，消化率高，营养丰富，是饲喂牛羊等家畜的上等饲料。规模化羊场在设计和建造时应考虑青贮设施的位置和修建。青贮设施应该建在羊舍附近，以便于取用。青贮设施主要为青贮窖。国内羊场典型的青贮窖见图2-43、图2-44。

图2-43　羊场青贮窖俯视图（黄亮 拍摄）

图2-44　羊场青贮窖（黄亮 拍摄）

① 建筑形式。为提高青贮的成功率，应以地下青贮窖建设为主，低洼地或地下水高的地方采用半地下式，窖底距水位在50厘米以上。

② 形状。永久性建筑一般为圆柱体形、长方体形和壕沟形。前两者适用于中小型规模化养殖，后者适用于工厂化大型养殖。

③ 大小。青贮窖的大小可根据饲养规模和原料数量而定。

④ 窖址选择。青贮窖总的要求为不透气、不渗水、具有一定的深度、窖壁垂直而光滑，故窖址应选在地下水位低、地势高燥、向阳、排水良好、距离畜舍较近的地方。

⑤ 建筑要求。青贮窖一般为四方形，三面封死，一面开口。建筑以砖或石砌筑，水泥抹面最佳。方形窖各角要建成半弧形。无论圆形或方形，都要建成上大下小，侧壁倾斜度为6°～8°，深度以2～3米为宜。青贮窖四周0.5～1.0米的地方修建排水沟，防止水进入而影响青贮料质量。

2.6.14 兽医室

规模较大的羊场应建立兽医室。兽医室应建在羊场办公管理区附近，离羊舍较远的地方。配备常用的消毒、诊断、手术、注射、喷雾器械和药品。兽医室旁边配备保定架。

第3章

羊的引种与饲养管理技术

3.1 羊的基本知识

3.1.1 羊的生活习性

只有充分认识和掌握羊的生活习性，才能按照羊的生活规律采取放牧饲养或舍饲饲养或半舍饲饲养方式，加强饲养管理，对促进羊的生长繁殖大有益处。

3.1.1.1 行为特性

（1）绵羊

绵羊属于沉静型，人们习惯称其为"疲绵羊"。就是说绵羊行动迟缓，反应不敏感。绵羊、山羊同群放牧时，山羊总是走在羊群前面，抢先将优质饲草吃掉，绵羊则慢慢腾腾地走在羊群后面，吃劣质草；绵羊不能攀登高山陡坡，采食时喜欢低头，易采食大牲畜、山羊啃不到的短小、稀疏的嫩草。利用这一特点，在实际养羊生产中，最好绵羊、山羊分群放牧，绵羊在平坦草地放牧，山羊可以到陡峭的山坡放牧，大牲畜放牧过的地方绵羊还可以利用。另外，绵羊舍要建在环境安静的地方，避免嘈杂环境对绵羊采食和休息的影响。

（2）山羊

山羊属于活泼型，人们称其为"山羊猴子"。就是说山羊像猴子一样，反应灵敏，行动灵活好动。在放牧中，山羊为吃头顶上的树叶，可将前蹄蹬在树干上，伸长脖子采食。树叶离树干远时，其可把前腿抬起来，身子向上如两腿走路的猴子一样采食树叶和嫩枝条。山羊尤其喜欢登高采食，寻找干燥、通风的高山峰去休息。利用这一特点，可在绵羊和大牲畜所不能利用的陡坡与山峦上放牧。

3.1.1.2 采食特性

羊是草食反刍动物，由于嘴唇薄，且上唇有一纵沟，运动灵活，牙齿锐利，因而采食方便，羊能采食多种树叶、杂草和农副产物。据实际观察，在青草季节，山羊喜欢吃酸枣树、刺槐、臭椿、榆树、柳树等乔木、灌木的嫩枝叶和树皮；绵羊喜欢采食苜蓿、沙打旺、鸡眼草、胡枝子等豆科牧草和狸尾草、虎尾草、鬼针草、白草、碱草等各种牧草。在枯草期，山羊除喜欢吃灌木的嫩枝条和胡枝子、鸡眼草等枝条外，也喜欢采食树叶；绵羊则喜欢吃桃树、杏树、洋槐、柳树、苹果树等的落叶和杂草及田间农副产物。

羊的采食特性随着季节的变化而变化。春季，一般草先萌发、生长，树枝变青绿，此时羊采食不挑别。一旦草类繁茂，就开始选择性地采食。据在茂草期观察，羊对禾本科牧草喜欢在抽穗扬花期采食；对树叶，喜欢在嫩绿时采食；对树枝，喜欢新生的嫩枝条。秋末植物由青变黄，这时羊先挑食青绿部分，当草枯叶落时，羊则挑食含水分多的落叶。冬季山羊以吃落叶、秸秆、豆科牧草的老枝条为主，绵羊以吃落叶、杂草为主。

利用羊的采食特点，在不同季节选择不同放牧草地和喂给羊喜欢吃的粗饲料。在植物生长旺季，要尽量避免破坏树木和草地，有条件的地方可以到封山禁牧区以外的荒山去放牧，来补充羊的青绿饲料。舍饲要有充足的运动场所，满足其青绿饲料供应。

3.1.1.3 适应性

（1）羊喜干燥厌恶潮湿

无论是绵羊还是山羊其蹄壳已角质化，遇潮湿易变软，行走硌蹄底，影响走路；湿热、湿冷的棚圈和低湿草场对羊不利，容易传染各种疾病，尤其是绵羊蹄叉间有一趾腺，也易被淤泥阻塞引起发炎，造成跛行；羊的汗腺不发达，不宜在潮湿环境生活。现在南方、北方地区多采用漏缝羊床或舍内铺草、垫土等为羊创造干燥清洁舒服的环境，并坚持定期消毒，防止细菌、病毒滋生而发生传染病。

（2）羊怕热不怕冷

羊全身覆盖羊毛，尤其绵羊毛更密，能保体温抗严寒。但严寒地区的冬季应有暖圈和接羔室。羊不怕冷也是有一定限度的，特别是刚出生的羔羊对低温敏感，温度过低容易冻僵甚至冻死。而当天气炎热时、气温高时或在阳光下暴晒时，羊体内的热量不易散发，而羊群低头拥挤，会出现呼吸加快、心率增加症状，甚至驱赶不散。因此，在伏天或气温高的天气，要选择干燥通风的山坡放牧，舍饲的要搭遮阴网，或在羊舍附近栽植树木，种植遮阴植物，圈舍要开窗通风，以避免羊体过热而生病，绵羊比山羊更怕热。

（3）羊喜净厌污

绵羊和山羊喜欢十分干净的水、草、用具等，对被粪尿污染和被践踏的饲草及混有泥土的饲料、青贮料、块根、食盐等不喜欢采食，污染的水，羊也是不喜欢喝的。因此，羊饮水必须是清洁的流水或井水，否则容易传染羊肝蛭等寄生虫病；饲喂的饲料、饲草必须干净。为了让羊吃干净的草料，饲喂时一定要有足够的草架、料槽。这样既能节省草料，保持卫生，又能使羊吃得好。

（4）羊合群性强

羊善于游走，是小型家畜，胆小易惊，无自卫能力，喜欢群集行动。合群性也因品种不同而有差异，山羊比绵羊合群性强。利用这一特点，放牧时可以利用头羊带动整个羊群，形成群体，或用牧羊犬管理羊群，在放牧时要注意防止野外动物伤害羊只现象发生，要注意掉队羊只管理。

（5）羊忍耐性和抗病力强

羊耐苦性和抗病力较其它家畜强，即使在饥饿患病情况下，也能随群行动，一般不易被人发觉。掌握这一特点，饲养员必须仔细观察每只羊的行动和采食行为，以免由于对疾病发现过晚而造成损失。

（6）母子相识靠嗅觉

羊群中，其母子相识主要靠嗅觉来辨认。利用这一特性，在多羔寄养时可以先在羔羊身上涂抹寄养母羊的尿液，然后，再送到寄养母羊身边，这样能避免寄养母羊不认的现象发生；羔羊稍大时母子之间的听觉也很敏感，当羔羊走失时可以驱赶母羊四处寻觅，利用相互叫声相认。

3.1.2　羊的消化生理特点

3.1.2.1　羊消化器官特点

羊的消化器官由口腔、食管、胃、小肠、大肠、肛门和消化腺组成。但羊和猪、鸡等单胃动物不同，羊的胃是复胃，不仅容积大，而且构造也比单胃动物复杂。

（1）羊的消化器官

① 口腔。羊的嘴窄扁，上唇有一纵沟，唇薄而灵活，门齿锐利而稍向外倾斜，吃草时口唇和地面接近，有利于啃吃短草和拣吃草屑。舌前端尖，舌头表面有短而钝的乳头，舌尖光滑，可协助咀嚼和吞咽。

绵羊、山羊嘴不同于牛等反刍动物的最大解剖特点是其具有分裂的上唇，这使得绵羊、山羊能够更加灵巧地利用上下唇控制食物，选择牧草，并具有较强的采食低草、贴近地面放牧的能力。

② 胃。根据形态和构造的不同，羊的胃可分为四个部分，即瘤胃（第一胃）、网胃（第二胃）、瓣胃（第三胃）和皱胃（第四胃）。这四个胃的体积约占羊整个腹腔容积的4/5。羊的瘤胃体积最大，其容积约占整个胃容积的80%，网胃为整个胃的3.5%～5%，瘤胃和网胃合称瘤网胃（表3-1）。

表3-1　羊各胃容积比例　　　　　　　　　　　单位：%

类别	瘤胃	网胃	瓣胃	皱胃
绵羊	78.7	8.6	1.7	11.0
山羊	86.7	3.5	1.2	8.6

羊的瘤胃呈前后稍长、左右略扁的椭圆形，占据腹腔左半部，绵羊瘤胃容积约为10升，山羊的稍小。瘤胃内表面黏膜为棕黑色，布满密集的乳头。瘤胃是羊等反刍动物特有的消化器官，具有物理和生物消化作用。物理作用主要是通过瘤胃的节律性蠕动将食物磨碎；生物消化是瘤胃消化的主体，瘤胃内有大量微生物，主要是细菌和原虫，这些细菌和原虫分泌的酶将饲料发酵分解，分解产物被微生物利用用于合成蛋白质、脂肪等，其余部分连同瘤胃微生物一起随食糜流出瘤胃后进入小肠而被吸收和利用。研究表明，山羊所采食干物质的40%～80%在瘤胃中消化，其中包括80%的碳水化合物、60%～90%的粗纤维、18%～77%的粗蛋白质和10%～100%的粗脂肪等。

羊的网胃又名蜂巢胃，为球形，容积约1升，内表面具有许多网状皱褶，形似蜂窝，皱褶底部密布细小的乳头。网胃与瘤胃共同参与饲料的发酵过程。网胃肌肉层发达，通过运动可将食糜移送至瓣胃，通过收缩可维持正常反刍。同时，网胃也是挥发性脂肪酸、氨等消化代谢产物的重要吸收部位。

羊的瓣胃又名百叶胃，呈卵圆形，容积最小，约为0.5升，内表面黏膜形成众多纵列的瓣叶，瓣叶上密布粗糙的角质乳头，对来自网胃的食糜有进一步研磨、过滤和压榨的作用，并吸收食糜中的水分以使其浓缩，以及吸收挥发性脂肪酸和氨。

羊的皱胃是真胃，呈一端粗一端细的弯曲圆锥形，平均容积为2升。皱胃黏膜依据固有层内腺体的不同而分为三个腺区，即贲门腺区（色淡）、胃底腺区（灰红色）和幽门腺区（淡黄色）。这些腺体可分泌胃液，胃液的主要成分是盐酸和胃蛋白酶。因此，皱胃主要对食物中的蛋白质、脂肪和碳水化合物进行化学性消化。

③ 小肠。羊的小肠细长曲折，长约25米（17～34米），可分为十二指肠、空肠和回肠三部分，其中空肠最长约为24米，十二指肠和回肠均较短，分别约0.5米和0.3米。

羊的整个小肠中分布有消化腺，再加上胰腺、胆囊的分泌物，一起进入肠管，共同对食物起消化作用。胃内容物——食糜进入小肠后，在各种消化液（胰液、肠液、胆汁等）的化学作用下被消化分解。消化分解后的营养物质通过肠道绒毛膜上皮细胞被吸收。未被消化的食物，经肠蠕动进入大肠。

④ 大肠。大肠长4～13米，也分为三部分，即盲肠、结肠和直肠。由小肠进入大肠

的营养物质，主要由随食糜进入大肠的酶以及存在于大肠的微生物的作用，继续进行消化。大肠内的微生物不仅起着消化作用，还能合成B族维生素和维生素K。大肠的主要功能是吸收水分、形成和贮存粪便。

（2）羔羊消化器官特点

在羊的消化道内有一条食管沟，由两片肌肉组成。当肌肉褶关闭时，形成一个管沟，可使饲料直接由食管沟进入真胃，避开瘤网胃。对于犊牛、羔羊等初生反刍动物来说，食管沟可使其吮吸的乳汁避开瘤胃发酵，直接进入真胃和小肠，保持乳汁原有的营养，而成年反刍动物则食管沟退化，闭合不全。

对于哺乳羔羊来说，发挥消化作用的主要是第四胃，而前三胃的容积较小，瘤胃微生物的区系尚未形成，没有消化粗纤维的能力。因此，初生羔羊只能依靠哺乳来满足营养需要，在哺乳期间，羔羊吮吸的母乳不通过瘤胃，而经瘤胃食管沟直接进入皱胃。随着日龄的增长和采食量的增加，前三胃的容积逐渐增大，大约40天后开始有反刍活动。这时，真胃凝乳酶的分泌逐渐减少，其他消化酶的分泌逐渐增多，能对采食的粗饲料进行部分消化。

根据这些特点，在羔羊出生后7～10天的哺乳早期，人工补饲易消化的植物性饲料，可以促进前胃的发育，增强对植物性饲料的消化能力，可促进瘤胃的发育和提前出现反刍行为。随着日龄的增长，前胃迅速发育，在前胃逐渐建立起比较完善的微生物区系。

新生羔羊的肠道重量占整个消化道的比例为70％～80％，大大高于成年羊的30％～50％。随着日龄的增长和日粮的改变，小肠所占比例逐渐下降，大肠比例基本保持不变，而胃的比例却大大提高。

3.1.2.2 羊消化生理特点

（1）反刍

反刍是指进入瘤胃中的饲料变成食糜，以食团形式沿食管上行至口腔，经细致咀嚼后再吞咽回到瘤胃的整个过程。一般情况下，羊每天反刍的次数为8次左右，逆呕食团约500个（每个食团在口中反复咀嚼70～80次），每次反刍持续40～60分钟，昼夜反刍的时间为6～9小时。羊反刍姿势多为侧卧式，少数为站立。

绵羊和山羊的采食和反刍特点有一定的差异。当自由采食苜蓿干草时，山羊和绵羊每天的采食时间分别为6.8小时和3.7小时，反刍时间分别为6.1小时和8.3小时，山羊的采食时间显著长于绵羊的采食时间，而绵羊的反刍时间显著长于山羊。将山羊和绵羊的采食和反刍时间相加，分别为12.9小时和12.0小时，两种动物之间差异不显著。由此可见，绵羊和山羊每天有一半的时间用于采食和反刍活动。

反刍时间的长短与采食饲料的质量密切相关，饲料中粗纤维含量愈高，反刍时间愈长；牧草含水量大，反刍的时间短；干草粉碎后饲喂的反刍活动快于长草。同量的饲草料多次分批投喂时，反刍时逆呕食团的速率快于一次全量投喂。

反刍是羊的重要消化生理特点。对于成年反刍动物来说，粗糙的食物不经过反刍，直接由瘤胃到瓣胃是绝对不可能的。不仅如此，有些饲料需要反复咀嚼好几次。反刍后的食物又回到瘤胃，在瘤胃内分解后，逐渐向瓣胃移动，然后再到真胃、小肠。只有通过反刍，将采食的粗糙食物（如干草类）经精细咀嚼后，达到一定的细度，才能使其在再次进入瘤胃时，漂浮在瘤胃内容物的上层，并能较快地通过瘤胃，到达网胃和瓣胃，最后到达皱胃进行消化的过程。反刍动物对粗纤维的消化能力很强，一般消化率可达50%～90%，为反刍动物提供了3/4的能量。若反刍不充分，未消化的食物就会停留在瘤胃内发酵和腐败，就会引起反刍动物瘤胃臌胀和停食。

反刍的生理功能，一是可以进一步磨碎食糜，增加其与瘤胃微生物的接触面积，促进食糜的发酵和分解；二是将食糜与大量的碱性唾液（每天5～24升）混合，利用唾液中含有的钾、钠、钙、镁等各种矿物质及碱性特征，中和瘤胃发酵产生的酸性物质，维持瘤胃微生物正常生长和繁殖所需的pH恒定（5.5～7.5）的特定环境，有利于瘤胃微生物生长、繁殖和消化作用。

羊的反刍具有节律性。一般在羊采食后1小时即出现第1个反刍周期。据观察，山羊反刍时每分钟咀嚼的次数为80～90次，每个食团咀嚼70～80次；每个反刍周期持续时间很不一致，为1～120分钟。反刍的节律性常受到许多因素的影响，主要表现在：一是当羊在安静卧息状态时，反刍规律性强，而在有外来刺激（如噪声、惊吓等）时，反刍时间减少，节律紊乱甚至停止；二是当羊只疲倦时，上行两食团之间间隔时间延长，但每个食团咀嚼次数变化很小；三是采食切短的干草比不切短的干草反刍次数增多，但采食磨碎的饲料反刍次数和时间均比前两种少；四是初生羔羊到20日龄后才有反刍行为，但比成年时反刍较少。

值得注意的是，反刍一旦停止，内容物滞留在瘤胃中，会造成不良后果。患病或受外界强烈刺激会造成反刍紊乱，甚至反刍停止。反刍迟缓或反刍停止是羊发生疾病的一个重要症状。

（2）嗳气

羊采食饲料以后，经瘤胃微生物的发酵和分解，可形成大量的低级脂肪酸和微生物蛋白质供羊体吸收利用。但在这个过程中会不断地产生大量的气体，其中，主要是二氧化碳和甲烷。瘤胃发酵产生的气体，一昼夜可达600～700升，除了一部分被微生物利用外，大部分通过食管经口腔排出，即嗳气。

嗳气是羊的一种正常生理活动。如果瘤胃内发酵产生的大量气体不能通过嗳气及时地排出，就会造成气体在瘤胃内积聚而发生臌胀病，严重时可造成窒息死亡。

（3）瘤胃微生物的主要作用

① 瘤胃具有大量的细菌和原虫，瘤胃每毫升内容物含有千亿个以上细菌和百万个以上的原虫（主要是纤毛虫）。瘤胃温度比人体温度要高，可达到40℃，非常适宜微生物

的繁殖。瘤胃中的这些微生物可以产生粗纤维水解酶对粗纤维进行分解，使其成为易吸收的碳水化合物，同时可形成易被机体吸收的乙酸、丙酸、丁酸等。

② 瘤胃微生物可以将饲料中的植物性蛋白质如玉米秸秆中的蛋白质，分解成肽、氨基酸和氨。饲料中的非蛋白氮如酰胺、尿素等也可被分解成为氨。瘤胃中的微生物则利用这些物质合成营养价值较高的蛋白质。

③ 瘤胃微生物可以合成一些维生素如B族维生素和维生素K，可以对饲草中的脂类进行氢化作用，转化成硬脂酸等饱和脂肪酸，以便于机体吸收利用。

3.1.3 羊的健康指标

羊的正常体温是38.5～40.0℃；脉搏数为每分钟70～80次；呼吸次数每分钟为12～30次；羊每日反刍时间大概8小时，分4～8次，每次40～70分钟。

① 体温的测定：测温前先将体温计水银柱甩至35℃以下，消毒涂油，缓缓插入肛门，待3～5分钟后，取出观察水银柱的刻度。

② 脉搏数的测定：羊的脉搏数可在股内侧触摸股内动脉跳动次数来测定。但一般常用听诊器在心脏区听取心跳次数。

③ 呼吸次数的测定：测定呼吸次数应在羊安静情况下进行。一般可以观察胸腹壁的起伏动作，一起一伏为一次呼吸，在北方冬季也可看呼出的气流来计数。

④ 反刍次数的测定：健康羊采食后经30～60分钟后开始反刍，测定每日反刍时间和反刍次数。在安静处卧息时最易反刍，任何外来刺激均可使反刍停止，反刍一旦停止，内容物滞留于瘤胃中，则会发生疾病。

3.2 羊的引种技术

3.2.1 我国不同区域适合饲养的肉羊品种

我国南方多数的地区适合养殖山羊品种，目前南方规模化圈养也开始养湖羊，北方的地区适合养殖生产力比较强的绵羊品种，具体内容如下。

① 在中原肉羊优势生产区域，绵羊主要有小尾寒羊、湖羊，山羊主要有黄淮山羊、马头山羊。黄淮山羊、马头山羊可作为母本，公羊可以选择杜泊羊、东佛里生羊、萨福克羊、波尔山羊、萨能奶山羊和南江黄羊等。

② 西南肉羊优势区内盛产繁殖率强、肉羊性能良好的黑山羊，金堂黑山羊、乐至黑山羊、大足黑山羊、简州大耳羊、成都麻羊、南江黄羊、白山羊等可作为优质母本，公羊可以选择波尔山羊、努比亚黑山羊等。

③ 在中东部农牧交错带肉羊优势生产区域，应该选择夏洛来羊、杜泊羊等与当地的绵羊品种进行杂交改良。

④ 在西北肉羊优势生产的区域，适合饲养萨福克羊、杜泊羊等作为父本来对当地的羊进行改良。

常见优秀父本公羊适合区域：

① 优秀肉羊品种波尔山羊。江苏、山东、陕西、山西、四川、广西、广东、江西、河南、安徽和北京等地。

② 生长发育快品种杜泊羊。黑龙江省、吉林省、辽宁省、内蒙古自治区、新疆维吾尔自治区、河北省、北京市、天津市、重庆市、河南省、湖北省、山东省、山西省、陕西省、安徽省、江苏省、四川省、云南省、贵州省、青海省、甘肃省、宁夏回族自治区、西藏自治区、广西壮族自治区。

③ 生长发育快品种无角陶赛特羊。我国新疆和内蒙古自治区曾从澳大利亚引入该品种，与本地母羊杂交改良，杂交后代生长速度快，遗传力强。

④ 生长发育快品种夏洛来羊。河北、山东、山西、河南、内蒙古、黑龙江、辽宁等地区。

3.2.2 种羊引种选购流程

近年来，我国肉羊产业不断发展壮大，农区、牧区引进优良种羊的数量逐渐增多，但由于一些养殖场（户）不懂技术盲目引种，造成一定的经济损失。种羊选购流程见图3-1。

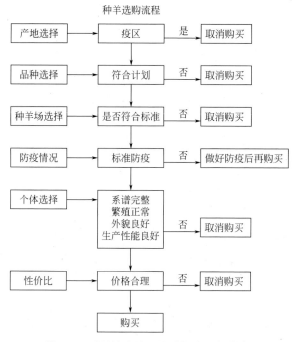

图3-1 种羊选购流程图（詹迎谷 提供）

3.2.3　肉用种羊引种技术要点

（1）选择优良品种，促进肉羊改良

优良肉用种羊生产必须具备以下基本条件。

① 生长速度快。高度培育品种肉羊的早期平均日增重可达250克以上，有的日增重达到300克以上，而一般地方品种仅150克左右。

② 繁殖率高。平均胎产羔率200%，母羊泌乳性能好，母性好，与单胎相比可提高经济效益约一倍。

③ 杂种优势显著。在肉羊生产中一般认为每增加一元杂交组合可获得8%～12%的杂种优势率。在肉羊生产实践中，通过试验可筛选杂种优势率较显著的组合。

④ 适应性好。适应当地气候、饲草料及其它生态条件。羊只表现出较好的抗病力和较低的发病率、死亡率。

⑤ 对亲本的基本要求。父本：要求生长快，肌肉附着好，胴体品质好。母本：要求繁殖率高，泌乳力极好，母性好，适应性强，耐粗饲，抗病力强。通过杂交使生长快与多产有机结合，实现高效产出。如在肉用绵羊生产中，父本主要从国外引进，而母本则多以小尾寒羊、湖羊为首选品种。小尾寒羊、湖羊具有以下突出优点：一是适合舍饲养殖；二是全年四季发情；三是产羔率高。其缺点是肌肉附着差，肉质品质较差以及不易"上膘"，饲草料转化率低，但通过与引进优良品种杂交改良，上述缺点可以显著改善，其杂种共同的趋势是腿变短、肌肉附着由尻部下延，前胸开阔，具有一定的肉用体型外观。

（2）依托技术人员，挑选好的个体

最好请技术人员一同前往帮助挑选，切不可不懂装懂而购回一些劣质羊。选羊时需重视以下几点。

① 观外貌特征。头短而宽，颈短粗，鬐甲宽而平。背、腰宽而平，肋骨开张良好，胸部宽圆，臀部肌肉丰满，四肢短而粗，后视两后腿呈倒的"n"形，前后肢开张良好且宽而端正，显得坚实有力。整个体躯呈长方形。杜泊羊具有典型的肉用种羊体型外貌特征（图3-2）。图3-3为肉用羊群体。

② 懂口齿特点。羊的牙齿根据发育阶段分为乳齿和永久齿两种。乳齿小而洁白，排列有间隙；永久齿大而微黄，排列紧密。幼年羊共有20枚乳齿，随着羊的生长发育，逐渐更换为永久齿，到成年时达32枚。

羊的年龄可根据门齿的发育规律来判断。羔羊初生时长出第1对乳门齿，生后1周长出第2对乳门齿，生后2～3周长出第3对乳门齿，生后1个月长出第4对乳门齿。

乳齿更换为永久齿的年龄：1～1.5岁更换钳齿，1.5～2.0岁更换内中间齿，2.25～2.75岁更换外中间齿，3.5～4岁更换隅齿。到4岁时，4对乳齿完全更换为永久齿，一般称为"齐口"或"满口"。

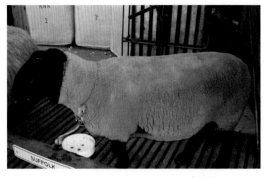

图3-2　黑头杜泊羊（施六林 拍摄）　　　图3-3　肉用羊群体（江喜春 拍摄）

4岁以上的羊，主要根据门齿的磨损程度来判断年龄。5岁牙齿出现磨损，称为"老满口"。6岁齿龈凹陷，牙齿向前方斜出，齿冠变狭小，钳齿齿面为方形，齿间有裂缝，称为"漏水"。7岁牙齿松动或脱落，称为"破口"。8岁及8岁以上，牙齿只剩点状齿时，称为"老口"。

③ 母羊的选择。一看膘情，要求适度，不能过肥或过瘦，否则难以怀胎；二看乳房，产过羔的母羊乳房松弛，而未产过羔的母羊乳房较紧，如成年母羊的乳房较紧，应考虑是否为难配种的母羊，同时还要求乳头要大；三看阴门，要求长而湿润，小而圆者多为不孕羊。另外还要观察有无阴门或肛门闭锁现象。

④ 公羊的选择。除具有所选品种的典型特征外，要求公羊雄性强，生人不易靠近。用手触摸其睾丸有弹性或无疼痛感，有睾丸炎的不宜选种。

⑤ 种的年龄。青年羊作为引种的最佳选择，其原因：一是使用年限长，利用价值高。二是优质种羊发育成熟早，见效快。一般8～10月龄即可配种，引种后，度过适应期就能繁殖利用。三是通过挑选可避免购回具有繁殖疾患的个体。

⑥ 挑优良个体。按体重购羊有很多害处，一是过秤麻烦，会给羊造成较大的应激；二是个别卖羊者让羊吃得过饱，会增加途中伤亡。一般可根据身高、体长和健康状况来判断发育情况，挑选优良个体。

3.2.4　种羊引种注意事项

随着人们对肉品的需求增加，羊肉成了一个主要消费品种，促使肉羊养殖场的建设逐年增多，规模逐步扩大，养殖场引种也日渐频繁。引种是育种的一项重要技术措施，是养羊业健康发展的基础，引进种羊的成活率和品质直接关系到养羊场（户）的经济效益。为了顺利地实现引种工作，下面从引种前要做好的考察工作、种羊引进工作、隔离观察与饲养工作共三方面进行了分析。

（1）做好引种前的考察工作

引种之前的考察工作是极为重要的，部分养殖户尝试养羊的时间相对比较短，觉得养羊能够赚钱，盲目购买大量山羊或者绵羊饲养，引种时缺乏针对性，羊的质量难以得到有效的保证，导致养殖经济效益也不高。因此，做好引种前的考察工作就显得极为重要。

首先，要对养殖条件进行考察，分析养殖环境、场地等是否合适，草料的供应是否充足，这些是决定养殖能否成功的重要因素。羊的生长环境影响因素主要包含海拔和温度等，如将适宜在低海拔地区的羊引种到高海拔地区，容易引发各种呼吸道疾病；从炎热地区引种到寒冷地区则会对羊的越冬产生影响，羔羊对环境的适应能力变差，可能会冻死。种羊引种时还需要考虑地方大小、保温防暑等工作实施是否到位，水源充足与否等。养殖前期投入包含土地租金及人工成本等。其中最为关键的就是要解决草料供应问题，草料是羊生长所需的基本物质，如果草料供应充足，引种的成功率将会大幅度提升。

其次，要考虑成本预算问题。养殖者需要对销售产品进行定位，种羊的引种价格、手续和养殖条件与养殖商品羊有着较大的差别。结合资金投入的多少明确养殖规模大小，资金的投入主要包含圈舍的修建与完善、购买种羊与饲料，以及人工成本与土地费用等。对于部分规模小，资金并不是十分充裕的养殖场来说，不宜大规模引进种羊。如一次引进数百只种羊显然是不可取的，因为种羊养殖并非一本万利，在养殖期间也存在各种各样不可预知的风险，如传染性强烈的疫病，那么可能会导致种羊大面积死亡，使得养殖场资金周转困难，损害养殖户经济效益，所以说在引种时需要结合养殖场实际情况来进行。

（2）做好种羊引进环节的各项工作

种羊引进是养殖工作的重中之重，引进时需要考虑的因素相对也比较多，主要包含以下方面的工作内容。

一是种羊产品的定位。以山羊引种为例，在引种时，需要明确生产出的山羊究竟是作为肉用山羊还是种羊进行销售。如果是作为肉用山羊销售，那么公羊与母羊可以引进不同的品种，这样可以更好地提高山羊品质，生产出更加优质的山羊。比如波尔山羊公羊与本地山羊母羊杂交，产出的羔羊质量更高，羔羊的生长速度、产肉性能等都更加理想。如果是作为种羊销售，那么公羊与母羊的品种则最好保持一致，并且要到具有种畜禽生产经营许可证的种羊场引进合适的种羊，同时公羊的血缘必须有多个，这样做可以有效地避免近亲繁殖，能够更好地提升种羊品质。

二是做好疾病筛查工作。在引种之前，要对输出地与引种地的疾病发生情况进行周密调查，对引进种羊需要进行一类、二类传染病免疫，重点对口蹄疫及布鲁氏菌病进行检测和防治，针对输出地与输入地比较高发的疫病要提前做好各项防治工作。最好不要在近期发生过疫病的区域引种，以免将病毒引入到养殖场中。此外，在饲养管理期间还应当制订严格的选配计划。在防疫工作实施期间，除了需要做好重点疫病防治工作，还应当做好羊痘、支原体肺炎、口疮病的防治。对于羊痘疫引进种羊的临床表现一部分可能为恶性，其会给养殖户带来较大的经济损失，因此在饲养预防管理期间必须提高重视度。以支原体肺炎为例，该疫病在饲养时可以实施超前免疫，即在羔羊初生阶段就开始免疫注射，这样可以达到更加理想的免疫效果，保证种羊健康苗壮成长。

三是对系谱档案资料进行全面考察。在引种时，对系谱资料对比分析是十分有必要的。对比系谱资料时，针对所引进的种公羊要查阅三代以上的血缘，同时要保证引进养殖场内的血缘在6个以上。弄清楚引入养殖场的种母羊及公羊的血缘关系，避免近亲繁殖，尽快制订配种方案，然后结合制订好的配种方案进行配种。在引种时，要保证种羊卡片、疫苗注射时间、动物检疫合格证明、种畜禽生产经营许可证、动物防疫条件合格证等各项资料齐全，这样后期养殖期间出现任何问题也更容易查找。

四是明确运输注意事项。在进行种羊运输之前，要给所有种羊接种必需的疫苗，并且要拿到相应的疾病检查合格证明才能装车运输。如果有种羊检查不合格，要及时剔除。运输前12个小时不要给种羊喂食一些不容易消化的饲料，喂食以干草和水为主，避免在运输过程中损伤种羊的肠胃。运输时还需对运输车辆进行全面彻底的消毒，检查车辆的安全性能是否达到标准要求。同时，还需要了解运输途经地区的流行病学情况，如果有疾病发生，必须提前做好防疫准备工作，避免车辆长期在疫区停留，以免感染疾病，对种羊的生命安全构成威胁。在条件允许的情况下，可以绕路运输。此外，如果是长途运输，则需要准备一些常见疾病的治疗药物。运输时，要保证种羊的体力充足，如果体力消耗较大可能会导致羔羊和体质差的羊死亡。

（3）做好隔离观察与饲养工作

种羊到达引种目的地之后，各项饲养管理工作的落实也是极为重要的，要让种羊尽快适应新的生活环境，保证种羊的身体状况恢复到正常水平，增强其抵抗各类疾病的能力，减少疾病发生率，降低种羊死亡率。一般来说，羊只运输到养殖场后，当天最好不要过多地喂食饲料，只需饲喂少量的青干草和盐水即可，给予其一个缓冲期。等到第二天可以用原输出地长的饲草激发种羊的食欲，第三天则可以在饲料中加入适量的精料，然后在种羊的身体状况恢复到正常水平之后逐渐将草料换成引入场的常规草料。一般来说，过渡期要控制在七天左右，这样才能更好地控制养殖成本。此外，对于引进种羊进行隔离观察也是极为有必要的，引进种羊不能立即与养殖场内原有羊只混养，而是要先单独圈养一个月，确定没有任何疾病，对新环境适应之后，才能合群饲养。

（4）种羊引种、饲养管理及利用中应当注意的问题

有效引种可以优化养殖品种、提高羊群的抗病能力、优化养殖经济效益，但是在具体的引种与饲养管理工作实施期间，还应当注意以下方面的问题。

一是避免盲目引种，不能过分地追求新奇。当前，我国养羊业发展态势良好，相对于鸡肉及猪肉来说，羊肉的价格更高，山羊、绵羊等养殖种类繁多，参与养羊的农户与企业不断增长，而在种羊引进过程中，部分地区存在盲目引种的问题，如没有对种羊的品质、生长习性、生活特点等进行充分考察，却花费巨资从国外大量引种。种羊热对我国的肉羊产业发展虽然产生了一定的促进作用，但是部分地区不按照实际需求，过分地

求新求异，对于养羊业的长远发展实际上是极为不利的。如在引种过程中，部分品种没有经过试验研究的验证就轻率地推广。针对这种问题必须注意规避，在引进种羊时，要结合当地的实际情况，做好前期的调研考察工作，分析种羊的生活习性，如生长的环境、气候要求、喜欢的饲料类型等，同时还需对养殖场现有的羊群种类进行分析，明确适合引进哪些种类的种羊，在种羊引进过程中必须遵循优化种群，平稳、健康、可持续发展的原则。

二是规避对种羊品种重视度不足的问题。经营种羊的利润比较高，这使得当前国内从国外引种的数量大幅度增长，而在种羊引进过程中，存在的一大突出性问题就在于对种羊品质筛选不够严格，部分种羊的品质并不是十分理想，并大量地流入养殖市场中。以我国的肉用种羊为例，该类型种羊主要是从澳大利亚、新西兰等国家引入，但是这些国家的气候条件与我国截然不同，在引种期间如果不加筛选，就可能会对最终的引种质量产生不良影响。因为在不同国家、地区，不同种畜场间，即便是同一品种的羊也存在一定的差异。以萨福克羊为例，在新西兰不同的育种场，比较差的基础母羊平均重70千克，而条件好、水平高的育种场，基础母羊的体重却可以达到90千克以上，如果在引种时将育种场一般的种羊引入，那么整体引种质量必然不是十分的理想。同时，在国内各地相互引种的过程中，部分育种场也没有制定科学合理的育种标准，部分中小型养殖企业或者是农户对某一品种羊的生产性能了解认识不足，引种时更多的是凭借价格、外貌特点等作为选择依据，但实际上价格、外貌特征与羊的性能之间并没有太大的联系，这就在一定程度上影响了引种的质量和效果。基于此，在种羊引种过程中，必须加强对品质的管控，养殖户要深入了解准备引进种羊的特点，在与育种场进行对接时应当货比三家，仔细筛选，多方考察，不能轻易引种。

三是要切实加大种羊利用度。对于优秀的种公羊在将其引进之后，应当加大推广和利用力度。为了保证相关工作的顺利推进，政府可以提供一些扶持政策，鼓励和支持养羊业的健康和可持续发展。

总之，种羊引种的质量和效果，直接关系着后期羊只的质量。做好前期准备工作，明确养殖注意事项，可以更好地保证养殖品质，提高养殖经济效益。

3.3　肉羊饲养管理技术

3.3.1　种公羊饲养管理

种公羊好，好一坡；母羊好，好一窝。可见种公羊对提高羊群生产性能起重要的作用。目前市面上规模化肉羊繁育场利用经济杂交比较常见，利用当地品种母羊作母本，利用国内外优秀种公羊作父本，通过杂交，大大提高后代生长性能，所以种公羊选择及饲养管理是养殖效益保证关键点之一。

公羊性成熟6～10月龄，初配年龄12～15月龄，一般利用年限6～8年，但最佳利用年限为4～5年，不同品种间会有所差别。

（1）非配种期饲养管理要点

种公羊在非配种期以恢复和保持良好的种用体况为目的，在配种结束的1～2个月内，种公羊的日粮应与配种期一致，增加优质青干草或青绿多汁饲料的比例，逐渐转为非配种期的日粮，每天应补饲0.5～1千克混合精饲料和一定优质青干草，并保证每天有1～2小时运动，为下一个配种期奠定基础。

（2）配种期饲养管理

种公羊在配种时消耗营养和体力最大，日粮要求营养全面，易消化、适口性好。

① 配种预备期：配种前1～1.5个月。

开始从配种期标准喂量的60%～70%逐渐增加，直至全部转为配种期日粮。

饲喂标准：混合精料1.0～1.5千克，青贮料或优质青绿多汁饲料1.0～1.5千克，青干草足量供应。混合精料配方：玉米60%，豆粕25%，麦麸8%，预混料5%，盐1%，小苏打1%。

② 采精期。

a. 采精前要加强种公羊运动，对胆小公羊可用发情羊引诱人工采精，排放公羊存留死精，促进精子不断更新，提高配种时精子活力。

b. 精液检测：射精量、颜色、气味、密度、活力。

射精量：0.5～1.5毫升，一般均在0.8毫升左右，每毫升含精子10亿～40亿个。

正常精液颜色为乳白色，精液无特殊气味，精液外观肉眼可见云雾状翻滚，精子做直线运动，精子活力要在0.6以上方可使用。

③ 配种期。

a. 配种计划。在人工授精时，羊群配种不宜拖得过长，当批母羊可争取在1.5个月左右结束，母羊产羔集中，方便生产管理。

b. 种公羊的日粮建议与管理。

饲喂：混合精料1.2～1.5千克，优质干草2千克，胡萝卜0.5～1.0千克，鸡蛋1～2个。

运动：每天4～6小时。

种公羊使用：青年公羊每天采精1次，成年公羊每天2～3次，中间可间隔1个小时，每周使用4～5天，人工授精1只种公羊承担300～500只母羊的配种任务，公羊本交1只公羊承担25～30只母羊配种任务。

④ 其它注意事项。

a. 采精前不宜喂得过饱。

b. 除配种外，尽量远离母羊。

c. 做好通风、干燥，高温、高湿都会对精液品质产生不良影响。

3.3.2 繁殖母羊饲养管理

母羊在前2～6胎产羔率、泌乳力最佳，第6胎后带羔能力和产羔后恢复能力都下降。

繁殖母羊生产周期可分为：空怀期、妊娠前期、妊娠后期、哺乳期。

（1）空怀期饲养管理

空怀期是指母羊断奶至未配种前的恢复期。

管理要点：在维持需要基础上适量增加精饲料，促进母羊体况恢复到中等膘情，尽快配种。

注意事项：挑出一些不适作种母羊的羊只并及时淘汰，挑出瘦弱母羊单独补饲。

（2）妊娠前期饲养管理

妊娠前期指母羊怀孕后1～3个月。此阶段胎儿生长发育较为缓慢，只有其出生重的10%～20%。此时母羊营养水平需求不高，可以同空怀期同样饲喂，此阶段母羊营养过高会影响胚胎发育，容易致使胚胎早期死亡。但要降低母羊饲养密度，减少母羊应激，不宜做驱虫、口蹄疫免疫接种等，避免造成母羊流产。

（3）妊娠后期饲养管理

妊娠后期指母羊怀孕最后2个月。此阶段胎儿生长发育很快，母羊营养必须跟上，如果营养不足容易造成母羊流产、早产、产前瘫、产死胎等。妊娠后期母羊营养，一方面要供给胎儿生长发育，另一方面要为哺乳期泌乳储备营养，如果这阶段营养不足，羔羊出生重小，后期死亡率高。妊娠后期由于母羊腹中胎盘占据很大空间，母羊采食量下降，在饲养管理中要保证草料供应，食槽不断草，草料营养浓度要增加，经产母羊补饲精料量在0.4～0.6千克，同时要保证草料品质，不投喂发霉变质草料，防止造成母羊流产。

（4）哺乳期饲养管理

哺乳期是指羔羊出生至羔羊断奶这一时间。哺乳期一般为2～2.5个月，1～6周为哺乳前期，6周以后为哺乳后期，前期母羊产奶量大，会出现营养负平衡，后期产奶量下降可逐渐恢复体况。哺乳期母羊重点要防患母羊乳腺炎，每周圈舍至少消毒1次，保持圈舍干燥、干净，每天巡圈不低于2次。发现乳腺炎要及时治疗，超过12小时以后往往只能控制，不能治愈，下次产羔时母羊乳房失去产奶功能。

母羊产后体况虚弱，产后当天要做保健［长效土霉素5毫升（或青霉素＋鱼腥草）、缩宫素2毫升］，产后1～3天体况好可停喂或投喂少许料，饲喂优质青干草，3天以后逐渐增加精料投喂量，分5～7天加到标准补饲量。在哺乳期补饲精料中粗蛋白质含量要达到19%～21%（豆粕用量在25%～30%）。前期产奶高峰期补饲精料0.5～0.7千克，后期在 0.3 ～ 0.4 千克，才能保证母羊正常产奶。哺乳后期母羊饲养管理重点是使母羊体况尽快恢复，为下一个产羔周期做准备。

3.3.3　羔羊饲养管理

新生羔羊出生后，自身没有抵抗力，要采食母羊初乳从中获得，7天以内自身调节体温能力很弱，所以新生羔羊对抗寒冷气温及病原体的能力非常弱，发病率高、死亡率高，管理难度大。

（1）新生羔羊主要管理工作

① 搞好圈舍卫生：打扫、消毒，缝隙大的要铺上羊床网（图3-4、图3-5）。

图3-4　羊床打扫（詹迎谷 提供）　　　图3-5　羊床及护栏等消毒（詹迎谷 提供）

② 产后30分钟内吃上初乳，先喂弱羔，再喂强羔。母羊没有奶水要寄养，产多羔、弱羔、母性不好的母羊单独关小圈 3 ～ 5 天，然后再合大圈（图3-6、图3-7）。

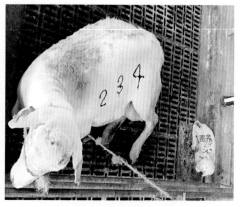

图3-6　母性不好母羊单独关小圈　　　图3-7　初生羔羊寄养
　　　　（詹迎谷 提供）　　　　　　　　　　（詹迎谷 提供）

③ 当天做好羔羊保健。碘伏消毒脐带、口服土霉素1毫升（图3-8、图3-9）。

图3-8　碘伏消毒脐带
（詹迎谷 提供）

图3-9　初生羔羊当天口服土霉素
（詹迎谷 提供）

④ 羔羊7日龄开始补饲羔羊开口料（图3-10），前期少添，每天一更换，7～15日龄很少，15～35日龄逐渐上涨，35～45日龄飞快增加，45日龄以前一定要保证羔羊料供应，料桶不能断料。

⑤ 羔羊15日龄皮下注射小反刍兽疫、山羊痘二联活疫苗。

⑥ 羔羊50日龄后，羔羊料日均采食量达到0.4千克，下午腹部有饱腹感，体重达14千克以上就可以进行断奶，以促进弱小僵羔生长，加快母羊体况恢复，断奶同时做好羔羊驱虫。

⑦ 羔羊75日龄注射口蹄疫疫苗。

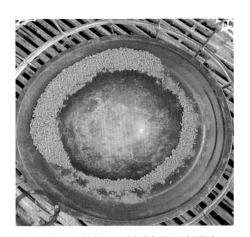

图3-10　羔羊开口料（詹迎谷 提供）

（2）羔羊生产管理注意事项

① 奶水不足，要做好人工哺乳（奶粉与水1∶6，奶温38～42℃，前期1天3～4次，每次喂六至七成饱）。

② 羔羊圈舍：地面干燥，空气新鲜，光线充足，挡风御寒。

③ 雨天或圈舍潮湿可在圈舍内撒少许生石灰粉。

④ 羔羊常见疾病为腹泻、感冒。由于羔羊个体弱小，自身储备营养不足，当羊发病会停止采食，营养供应不上，很快就会加重病情，所以治疗必须及时，发病后期死亡率非常高。

3.3.4　育肥羊饲养管理

目前市场上规模化羊场多以15～20千克公羔断奶后直接进行育肥，追求生长速度快，料肉比高（肥羔出售）。肉羊的品种不同，生长发育也有差别，1.5月龄断奶羔羊育肥料肉比为（2.5～3.5）∶1，4月龄以上当年羔羊为（4～6）∶1。专门用于肥羔生产的杂交羔羊在5～6月龄就能达到屠宰体重结束育肥。

肉羊育肥日粮的精饲料与粗饲料的配合比例，一般以45%的精料和55%粗料为宜，增大育肥强度时，精料比例可以增加到60%，但在加大精料喂量时，要注意过食性引起的肠毒血症和日粮中钙、磷比例失调引起的尿结石症。

育肥羊饲养管理注意事项如下。

①羔羊断奶后转入育肥圈舍，饲养密度为1只羊0.7～0.8平方米。

②羊入育肥圈后，先要做好强弱分群（图3-11），每圈密度控制在15～20只为宜，小群管理。

③断奶后羔羊前7天，保持原饲喂羔羊料供应，7天后逐渐降低羔羊料投喂量，14天后停止投喂羔羊料。

④前3～5天羔羊料中要加入防应激保健药品（健胃散、黄芪多糖、电解多维等）。

⑤草料转为育成或育肥全混合日粮。

⑥14天后要接种三联四防苗，隔14天再根据当地疫病情况接种传染性胸膜肺炎疫苗。

⑦投喂量，干物质占羊体重2.5%～3%，精料占羊体重1.2%～1.5%。精料和草料分开喂时，要先草后料。避免在空腹前大量投喂精料造成消化道紊乱，严重者会造成酸中毒死亡。

⑧精料加量时要逐渐上升，一般增减都有5天过渡期。当羊排软粪便时，说明加量偏多，宜降低精料投喂量。

⑨每隔1个月，要做一次强弱分群，及时把瘦、弱小、伤残羊挑出，单独补饲调理，加快它们生长速度，减少发病率、死亡率。

图3-11　挑出瘦弱的羊只（詹迎谷 提供）

3.3.5 各阶段羊只饲养管理

为提高生产经济效益，羊场一般从母羊配种期、轻胎期（怀孕90天）、重胎前期（怀孕91～120天）、重胎后期（怀孕121～145天）、围产期（产前产后7天）、哺乳前期（产后7～45天）、哺乳后期（产后45天～断奶）以及羔羊早期等不同生理阶段加强羊只的饲养管理。各阶段羊只饲养管理见表3-2。

表3-2 各阶段羊只饲养管理

羊只阶段	管理要点（精料控制→成本控制，增加产能）
母羊配种期	控制膘情，促进发情，尽早配种
	配种前挑出不宜参配母羊（中性母羊、伤残母羊、乳房坏死母羊、超6年老龄母羊、超3次屡配不孕母羊、习惯性流产母羊、老产单羔母羊等）
	挑出瘦弱母羊，单独驱虫＋健胃＋补饲，体况恢复后再参配
	挑出超级肥胖母羊，控草料减膘促进发情
轻胎期（怀孕90天）	保证草料品质，营养维持空怀期水平，减少应激做好保胎，避免流产
	降低母羊饲养密度，每只母羊0.9～1平方米
	做完B超后及时挑出瘦弱母羊，进行集中单独补饲
重胎前期（怀孕91～120天）	保证草料品质，增加营养供应，精料供应在0.4～0.45千克/只
	怀孕120日龄母羊注射三联四防苗
重胎后期（怀孕121～145天）	保证草料品质，增加营养供应，精料供应在0.5～0.65千克/只
	降低羊群饲养密度，每只母羊1.1～1.2平方米
	挑出瘦弱、怀3羔以上母羊单独补饲，降低饲养密度，每只母羊1.2～1.3平方米
围产期（产前产后7天）	产前1周转入待产圈，根据母羊体况适当降低补饲精料量
	精料由妊娠料逐渐过渡为哺乳精料
	产后前3天，母羊体况好停喂或少量投喂精料
	产后第4天逐渐增加精料量，由0.3千克/只逐渐增至0.5千克/只
哺乳前期（产后7～45天）	保证草料品质，保证母羊营养供应，精料量维持在0.65～0.75千克/只
	关注乳腺炎，多数母羊出现胀奶或排软粪时，要适当降低精料投喂量
	及时挑出不产奶母羊（原因有乳房坏死、过于肥胖）
哺乳后期（产后45天～断奶）	母羊投喂精料由0.75千克/只逐渐降低0.3千克/只
	达到标准羔羊及时断奶，促进母羊膘情恢复，促进母羊发情
羔羊早期	产后30分钟内及时喂足初乳（先喂弱羔再喂强羔）
	母羊无奶、产过多羔的羔羊做好小圈管理＋寄养＋人工哺乳
	7日龄后开始投喂羔羊料，由少到多，每天更换新料
	45日龄后达到断奶标准羔羊及时断奶，促进僵羔生长
	45日龄后僵羔进行驱虫＋健胃＋保证羔羊料供应

3.4　羊饲养管理注意事项

3.4.1　饲养管理不能触碰红线

① 草料堆积发热变质不能喂，容易引起羊只亚硝酸盐中毒。

② 草料发霉不能喂，容易引起羊只黄曲霉毒素中毒。

③ 生产中玉米苗、高粱苗不能喂，容易引起氢氰酸中毒。

④ 空腹羊不能投喂大量精料，容易引起酸中毒。

⑤ 露水草不能喂，容易造成腹泻、胀气、寄生虫病。

3.4.2　常见的草料储存管理办法

① 干草在棚内码垛储存，要做好防火、防雨、防潮，草垛顶层不能用薄膜封死，否则水蒸气排不出，表层草料吸潮造成发霉。

② 青草宜青贮储存，草料切碎或揉丝，控制在65%水分，含有一定糖分，填实密封，做好四周排水，防漏气。现用现取，用多少取多少，一开窖则要连续使用，用量少时，取用后取料口要盖紧。

3.4.3　日粮配合的原则与方法

① 符合饲养标准：保证供给羊所需要的营养物质，即符合标准。但饲养标准是在一定的条件下制定的，而各地自然条件和羊的情况不同，所以要根据实际情况对饲养标准酌情调整。

② 适合羊的需要：饲料的营养物质和体积要适合于羊的不同体重、不同生理阶段及羊的消化生理特点，既要能全部吃下，又要营养充分满足。

③ 因地制宜，降低成本：要因地制宜选用饲料，以降低成本。尽量选择来源广泛、价格低廉、质量可靠的饲料作为配合饲料的主要原料，以保证配合饲料质量和相对稳定并降低饲料成本。

④ 饲料种类多样化：各种饲料都有其独特的特性，单独的一种饲料是不能满足羊的营养需要的，有些饲料甚至含有未知的促生长因子。因此应尽量保持饲料的多样化，以达到养分互补，提高配合饲料的全价性和饲养效益的目的。

⑤ 日粮配合应以青粗饲料为主，适当搭配精料。一般要求青粗饲料提供总养分需求量的60%以上，生产水平越低，青粗饲料的比例应越大。青粗饲料不仅来源广泛，价格

便宜，而且含有大量的能量、维生素和无机盐，特别是含有丰富的纤维素，这对羊很重要。粗纤维不易消化，吸水性强，进入胃肠容积增大，给羊以饱感；粗纤维对羊的胃肠道黏膜有一种刺激作用，可促进胃肠道正常活动，这对保证瘤胃正常活动和正常反刍有重要的意义。早期补饲青粗饲料，可促进羔羊胃肠机能提早发育。

⑥ 利用好提高草料消化营养吸收等保健品。饲料添加剂是配合饲料的核心，生产配合饲料时要及时吸收新的科研成果，选用安全的、有效的添加剂（如益生菌、代谢调节制剂等）。羊在处理环境应激情况下，饲养上还要注意添加防止应激的其它成分。

3.4.4　放养与圈养科学结合

① 对一些中小型规模化羊场，在羊场周边有一定可放牧牧草资源时，可把放养与圈养结合，将能大大降低饲喂成本。根据草场资源多少，合理计划放牧频次及羊只数量。放牧羊群主要以空怀母羊、轻胎期母羊、育成羊、育肥羊为主，种公羊、重胎期母羊、哺乳期母羊及治疗期病羊一般不建议放牧。

② 对一些北方牧场，在春末、夏、秋季节，牧草资源丰富，可充分利用放牧降低饲喂成本，在冬季或初春牧草干枯期，以舍饲为主。

3.4.5　控制饲喂成本关键要素

羊场饲养管理成本中，饲草料成本占据60% ～ 70%，所以控制饲喂成本决定羊场效益。

控制饲喂成本关键要素如下：

① 充分利用牧场周边可放牧资源。

② 充分利用当地秸秆资源。

③ 充分利用当地农产品作为辅料。

④ 充分利用当地廉价土地，机械化作业，种植高产、高营养牧草。

⑤ 合理科学加工原料，保证草料适口性、营养均衡，精准补饲精料，避免剩草、剩料的浪费。

⑥ 根据羊体况、生理阶段，做好羊群肥瘦分群。根据羊营养需求量，做好精准补饲精料，减少精料的损耗，提高精料回报率。如空怀期、轻胎期母羊不宜过肥，要做好控料控膘。

⑦ 及时淘汰生产性能低的母羊（如屡配不孕、习惯性流产、老产单羔、产奶不足等母羊）。

3.4.6　人员、岗位设定

以存栏500只基础母羊的羊场为例，羊场人员岗位设定见表3-3。

表3-3　500只基础母羊羊场人员岗位设定

岗位	人数	工作性质
场长	1名	可兼统计、采购
兽医	1名	兼配种技术员
饲料加工员	1名	加工、撒料
饲管员	1～2名	500只繁殖母羊1人
厨师	1名	兼生活卫生打扫

第4章

羊的繁育技术

4.1 羊的繁殖技术

4.1.1 羊的繁殖生理特点及规律

羊的繁殖过程包括生殖细胞（精子和卵子）的形成、交配、受精、妊娠、分娩和泌乳。掌握羊繁殖的生理特点及规律，有利于提高羊受胎率、产羔率、繁殖成活率等，提高羊的饲养经济效益，对羊产业的发展具有重要意义。

（1）初情期和性成熟

① 初情期。初情期是种公羊第一次释放出精子，母羊第一次发情和排卵的时期。母羊的初情期在4～6月龄。公羊的初情期在4～7月龄。

② 性成熟。指公、母羔羊在生长发育过程中，随着年龄和体重的增加，生殖器官基本发育完全，并表现出第二性特征，能产生成熟的生殖细胞（精子和卵子），具有正常繁衍后代的能力。即此时的公母羊交配，能够受精、妊娠产生后代。母羊性成熟的年龄在6～8月龄，公羊为6～10月龄。此时羊体重约占成年体重40%～60%。

（2）体成熟与初配年龄

① 体成熟。指羊生长发育基本完成的时期。羊从出生到体成熟一般需要8～12个月，羊的体重应达到成年羊体重的70%为宜。

② 初配年龄。本地地方品种绵羊、山羊初配年龄为6～8月龄，培育品种南江黄羊为8～10月龄，国外引入品种波尔山羊为10～12月龄，一般公羊初配年龄要比母羊晚2月龄左右。

（3）发情与发情周期

① 发情。发情是母羊的一种性活动表现。主要表现是生殖器官、卵巢发生变化。外阴户红润肿胀，有黏液流出，兴奋不安，鸣叫，不断摇尾，频频排尿，主动接近公羊和有爬跨其他母羊的现象。发情持续期绵羊30～36小时，山羊39～40小时。

② 发情周期。母羊的性活动表现为周期性。母羊从前一次发情开始到下一次发情开始为一个发情周期。绵羊多为16～17天，山羊多为19～21天。

（4）排卵时间和适时配种

排卵是指卵泡破裂排出卵子的过程。排卵时间是指母羊发情后排出卵子的时间。母羊排卵的时间大约在发情末期，即在发情开始后的30～40小时，卵子在母羊输卵管内保持受精能力的时间是12～24小时，精子在母羊生殖道内保持受精能力的时间是24～48小时。因此，在母羊发情后12～24小时配种最适宜。因母羊年龄不同适宜配种时间略有差异，即"老配早（多胎经产母羊），少配晚（初配母羊），不老不少配中间（青年母羊）"。

（5）妊娠期、分娩与产后发情

① 妊娠期。母羊最后一次配种到胎儿产出这段时间称为妊娠期。平均150天（范围145～154天）。但随品种（晚熟或早熟）或怀单羔、双羔的不同是有差异的，如早熟品种、怀双羔的母羊怀孕期较短，为145～148天，晚熟的毛用羊怀孕期多为150天左右。

② 分娩。发育成熟的胎儿从母体内排出。母羊启动分娩到胎儿排出，时间很迅速，一般为5～30分钟，多数母羊仅需15分钟即可排出胎儿，少数延长到2～4小时，第一羔产出到第二羔产出间隔时间平均15分钟，胎儿产出后25分钟左右排出胎衣。一般放牧的山羊比舍饲的山羊分娩的速度要快一些。

③ 产后发情。常年繁殖的羊，繁殖季节不严格，一般在产后30～59天（平均在35天）就能再次发情配种。

（6）繁殖季节

羊的繁殖一般在秋季，秋配春产。秋季的山羊膘情好，发情排卵整齐，容易配种和怀孕，有利于胎儿生长发育。第二年春暖花开的时候产羔，羔羊成活率高。但羊通过人们长期选育和科学饲养管理，繁殖季节不太明显，四季均可发情配种繁殖。1年产2胎或2年产3胎，多在春、秋两季配种。3～4月配种，在8～9月产羔。9～10月配种，翌年2～3月产羔。在生产实践中，要尽力避免在严寒的冬天或炎热的夏天配种。

（7）种羊的利用年限

繁殖利用年限多为6～8年，以2.5～5岁繁殖利用性能最好。个别特别优秀的种公羊可利用到10岁左右。

4.1.2 发情鉴定

发情是母羊达到性成熟时的一种周期性的性表现。这种周期性性活动同时伴随着母羊卵巢、生殖道、精神状态和行为的变化，表现出一定特征。羊在繁殖季节内可以多次发情，即羊发情具有重复性。母羊在每个发情周期内，可分为发情前期、发情期、发情后期和间情期，这是羊发情的阶段性特征。绵羊的发情持续时间一般为30小时左右，山羊24～38小时。母羊一般在发情后期会出现卵泡破裂排卵。精卵结合最佳时间是24小时内。因此，在生产中要正确把握羊的发情特征，掌握羊的最佳排卵时间，适时配种，才能提高受胎率。

母羊发情鉴定的方法主要有三种。

① 外部观察法：观察母羊的外部行为特征和外部生殖器官的变化，这是鉴定母羊是否发情最基本最常用的方法。一家一户，养殖规模不很大，常用此方法判断母羊是否发情。

母羊发情时一般兴奋不安，不时高声咩叫，摇尾，遇公羊时呆立安静，并接受公羊爬跨。同时，食欲减退，放牧时有离群表现。外阴部及阴道充血、发红肿胀，阴门、尾根附着分泌物。发情前期，黏液清亮；发情晚期，黏液黏稠。山羊发情外部表现比绵羊明显。

② 试情法：在配种期内，每天定时（一般是早、晚各1次）将试情公羊放入母羊群中，让公羊自由接触母羊，挑出发情母羊，但不能让试情公羊与母羊交配。在羊群较大时，鉴定母羊发情最好采用公羊试情法。

试情公羊应挑选年龄在2～4岁身体健壮、无病、性欲强的个体，试情期间适当添草补料，每天一个生鸡蛋，保证精力充沛与精液品质。为了使试情公羊在试情中不与母羊交配，常采取试情布法，也有采取公羊输精管结扎法或公羊阴茎移位法。

试情布法：取长40厘米×35厘米的细软布匹，布上四角各有一条带子，系在试情公羊腹部上，将阴茎遮住，不影响公羊行动和爬跨，照常射精，但阴茎进不到母羊阴道内，精液被试情兜住。试情布与试情布的系法见图4-1、图4-2。采用此法时，试情布

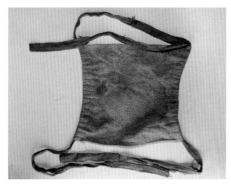

图4-1 试情布（黄亮 拍摄）

图4-2 试情布的系法（黄亮 拍摄）

要及时更换、清洗，以免试情布发硬，损伤公羊阴茎。试情时不能长时间使用同一只公羊，以免公羊疲劳，或每次试情时间1小时左右为宜。

③ 阴道检查法：采用阴道开膣器，通过观察母羊阴道黏膜的色泽和充血程度，子宫颈口的开张大小和分泌液的颜色、分泌量及黏稠度等，来判定母羊的发情。该方法常与人工授精技术结合使用。当用外部观察法、试情法发现母羊发情后，通过观察阴道的变化确定母羊是否真正发情，该不该输精。

通过发情鉴定发现发情母羊，用记号笔或喷漆做上标记（图4-3、图4-4），以待自然配种或人工输精。

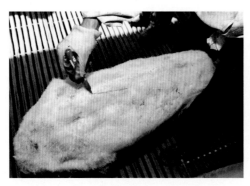

图4-3　发情母羊用记号笔做上标记　　　　图4-4　发情母羊用喷漆做上标记
（黄亮 拍摄）　　　　　　　　　　　（黄亮 拍摄）

4.1.3　同期发情

同期发情（亦称同步发情）就是利用某些激素制剂，人为地控制并调整群体母羊的发情周期，使其在特定的时间内集中表现发情。

（1）技术优势

运用同期发情技术，使母羊在指定的时间内集中发情、集中配种、集中产羔，母羊的妊娠、分娩以及羔羊的培育、育肥等，在时间上都会趋于一致，便于按市场需求有计划地生产羊产品，降低成本，提高经济效益。在规模化、集约化肉羊繁育场，同期发情技术可以和人工授精技术配套使用，形成高效定时输精。

（2）同期发情操作方法

① 孕激素阴道栓塞法。将孕激素阴道栓放置于母羊子宫颈口处12～14天，取出阴道栓2～3天后，经处理的母羊同期发情率一般可达85%以上。阴道栓主要有CIDR和PRID两种。CIDR原产于新西兰，为含孕激素装置，形状似"Y"形，内有塑料弹性架，外附硅橡胶，两侧有可溶性装药小孔，尾端有尼龙绳，有特制的放置器（放栓枪）将其放入母羊阴道内，羊用的CIDR栓每个孕酮剂量一般为300毫克；PRID为浸润了50毫克氟孕酮的柱状或球形海绵。目前养羊生产上CIDR应用较多。

② 前列腺素法。给母羊肌注前列腺素（PGF2α）或其类似物（氯前列烯醇和15-甲基前列腺素），亦可使羊发情同期化。但注射一次，只能使60%～70%的母羊发情同期化，需要相隔9～11天再注射一次，方可提高同期发情率。

4.1.4 配种技术

（1）适宜的配种时间

由于绵羊、山羊的排卵时间分别在发情开始后12～14小时和30～40小时，其适宜的受精时间是在发情开始后8～20小时和12～14小时，因此羊配种的适宜时间是在发情开始后10～18小时。

为保证受胎率，实践中多采用重复交配，即早晨检出的发情母羊早晨配种一次，傍晚再配一次；下午检出的发情母羊在傍晚配种一次，次日早上再配一次。两次配种间隔10～18小时。复配时可用同一头公羊，也可用不同的公羊。

（2）配种方法

① 自然交配（亦称本交）。在配种季节，依1：30～1：40的公母比例，将公羊放入母羊群混群饲养或放牧，让公羊、母羊自由交配。

这种方法简单省事，受胎率较高，适合于分散的小群体。其缺点是公羊消耗太大，后代血统不明，易造成近交衰退，且无法明确知晓母羊预产期。

② 人工辅助交配。其是对自然交配的一种辅助办法。将发情母羊挑出来，有计划地与指定的公羊交配。这种方法有利于提高公羊利用率，合理地选种选配，并能明确知晓预产期。

当初次参加配种的青年公羊因性欲旺盛而又缺乏性经验以致出现多次爬跨而不能使阴茎插入阴道时，从事人工辅助交配的人员应用手帮助，将公羊的阴茎插入母羊阴道内。当与配公羊、母羊体格悬殊致使公羊不易爬跨母羊或母羊无力承受公羊体重时，可选择斜坡地势，让较小、较弱的一方站在高处，再施以人工辅助使配种成功。

③ 羊的人工授精。

人工授精是用器械采取公羊的精液，经过精液品质检查和一系列处理，再将精液输入发情母羊生殖道内，达到母羊受胎的配种方式。人工授精可以提高优秀种公羊的利用率，比本交提高与配母羊数十倍，节约饲养大量种公羊的费用，加速羊群的遗传进展。另外人工授精公母羊不用直接接触，可避免传染病的传染。

4.1.5 人工授精操作步骤

人工授精视频

（1）器械的准备与消毒

① 对所有的采精器械、输精器械、与精液产生接触的其他器械做消毒处理，然后放

入柜子或烘干箱内备用，让它们保持干燥、清洁。

② 用2%碳酸氢钠溶液清洗假阴道并用清水冲洗数次，再用75%酒精做消毒处理，使用前用生理盐水冲洗。

③ 将玻璃棒、集精瓶、输精器、玻璃器皿（用来存放稀释液和生理盐水）洗净，再蒸熏消毒半小时，使用前用生理盐水冲洗数次。

④ 用2%碳酸氢钠溶液清洗开膣器、镊子、盘子等金属制品，再用清水冲洗数次，擦干后用酒精灯进行火焰消毒。

（2）采精

采精作为人工授精的第一步是非常重要的一个环节，为了保证种公羊射精完全，采集到量多且优质的精液，要保证操作稳当、迅速、安全，需要掌握关键的采精方法。

① 调教种公羊。种公羊要保持适宜的体况，一般保持在中等偏上的膘情即可。对于成年种公羊来说，在采精前需要将附睾中衰老、死亡的精子排出，对于青年种公羊则要注意其性欲和精液的品质。对于初配的青年种公羊，需要在采精前进行调教，具体的方法是将其与母羊混群饲养，这样几天后公羊即可出现爬跨其他母羊的现象，此时即可将公羊牵出。也可以让初配种公羊观摩其他公羊配种，或者也可将发情母羊的尿液或者分泌物抹在公羊的鼻尖，同时还需要加强饲养管理，调整日粮结构，加强运动。

② 假阴道的安装。

a. 先将内胎装入假阴道的外壳（内胎要保持平整，不可出现皱褶），再装上集精瓶。如图4-5所示。

b. 用清洁的玻璃棒蘸少量灭菌凡士林，然后均匀涂抹至假阴道内胎和前1/3处，这样可起到润滑作用。

c. 将温水从假阴道的注水孔注入其中（图4-6），注水量要占到内外胎空间的70%，这样能让假阴道的温度接近母羊体温，待采精时需确保它的温度处于40～42℃。

图4-5　假阴道的安装示意（黄亮 拍摄）　　图4-6　假阴道注水操作（黄亮 拍摄）

d. 注水后可通过气体活塞吹入气体，吹入量以内胎表面呈三角形（合拢不向外鼓出）为宜，这样可让假阴道产生一定的压力与弹性。其操作如图4-7所示。

③ 采精操作。待所有都准备就绪后即可开始采精操作，先将发情母羊（或台羊）保定，用温水冲洗种公羊的阴茎包皮，然后将公羊牵至保定好的发情母羊（或台羊）处，靠近母羊的尾部，待公羊开始爬跨母

图4-7　通过活塞吹入气体（黄亮 拍摄）

羊时，将种公羊阴茎导入假阴道，等种公羊射精后将假阴道退出，取出集精瓶，如图4-8、图4-9所示。

当公羊完成射精后要记录其编号，并迅速竖起集精瓶将它送到处理室，待放气后取下集精瓶，然后再盖好盖子放在操作台上进行精液品质检查。

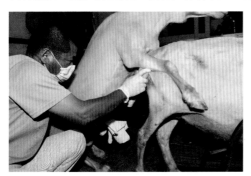

图4-8　将公羊阴茎导入假阴道
（黄亮 拍摄）

图4-9　公羊阴茎已导入假阴道，收集精液
（黄亮 拍摄）

（3）精液品质检查

① 进行此操作是为了评定精液品质的优劣，这会决定它能否用于输精配种，也可以给确定精液的稀释倍数提供科学依据。

② 正常的精液较浓厚，略带腥味，且不会散发出异味，其颜色呈乳白色，用肉眼观察时呈乳白色云雾状。

③ 射精量一般在1～1.5毫升，含精子量平均25亿个/毫升，活力不能低于0.7。检查方法是在室温下用300～400倍显微镜进行观察，检查结果符合上述要求即可用来输精配种。

（4）精液稀释

为了增加精液量，扩大受精母羊的数量，发挥优秀种公羊的作用，需要对精液进行稀释处理。其可以延长精子在体外的保存时间和提高精子的活力，另外，精液稀释还可以

给精子存活提供新的养分和能量，防止pH发生变化，维持精液正常的渗透压和电解平衡。常用的稀释液主要有0.9%生理盐水、抗生素、奶类等，经灭菌消毒的0.9%氯化钠溶液稀释的精液应立即输精，一般稀释的倍数不应超过2倍。要保证稀释液新鲜，尽可能地现配现用，可以将灭过菌的稀释液在冰箱内保存数日，但是对于抗生素、奶类等成分则需要在使用时加入。

图4-10　精液的稀释操作（黄亮 拍摄）

精液的稀释工作要在精液采集后尽快完成。由于精子在低温下易受打击出现冷休克，因此，稀释液的温度要控制在20℃以上，并且要确保等温稀释，稀释液的温度要与精液的温度保持一致。方法是将稀释液缓慢地倒入精液瓶内，轻轻搅匀，切忌剧烈摇动。精液在稀释完成后，需要取一滴检测成活率，合格后才能使用。精液稀释操作如图4-10所示。

（5）精液的保存

精液稀释完成后除了用于输精外，剩下的可以进行保存，按保存温度可以分为常温保存、低温保存和冷冻保存。常温保存是在20℃以下的室温环境保存1～2天；低温保存是在常温保存的基础上，继续缓慢降低到0～5℃，可保存4～5天；冷冻保存即将精液降到冰点以下冷冻起来，可长期保存。一般采用低温保存或冷冻保存。无论采用哪种方法保存，都需要避免或减少精液与空气接触，并且要保持稳定的保存温度，定时检查精子活力。

（6）运输

精液在运输的过程中，尤其是液态精液要尽可能地防止温度发生变化和减少震动。在到达目的地后，使用前还需要在室温下将精液解冻，然后再检查精子的活力，如果活力低于0.6则不可使用。

（7）输精

输精是在母羊发情排卵的最佳时机将精液输送到母羊的子宫颈口内，以提高母羊的配种受胎率。在输精前需要将工具、用具、母羊的外阴进行消毒，再用生理盐水擦净。然后将输精器缓慢地插入母羊的阴道，寻找好子宫颈口位置，将精液慢慢输入，待精液全部注入后，再将输精器缓慢地抽出，避免损伤母羊生殖道，如图4-11所示。

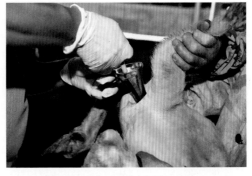

图4-11　输精操作（黄亮 拍摄）

在输精时要注意一些事项，首先要掌握最佳的时机，由于羊的发情期短，当发现母羊发情时即需要输精，并且一般采取输两次的方法，间隔一般为8～10小时，其次要保证输精量。

4.1.6　妊娠与分娩

（1）妊娠期及其影响因素

母羊自发情接受交配或输精后，精子和卵子在母羊输卵管壶腹部结合，形成胚胎开始发育并成熟，直至胎儿出生为止的整个时期称为妊娠期。妊娠期间，母羊的全身状态，特别是生殖器官相应地发生一些生理变化。母羊妊娠期的长短因品种、营养及产羔数等有所变化。

绵羊、山羊的妊娠期平均为5个月（约150天），其中绵羊妊娠期的范围在146～157天，山羊在146～161天。可根据妊娠期推算母羊的预产期（产羔日期）。母羊预产期的推算方法是：配种月份加5，配种日期减2或减4，如果妊娠期通过2月份，预产日期应减2，其他月份减4。例如，一只母羊在2008年10月3日配种，该羊的产羔日期为2009年3月1日。预产期推算见表4-1。

表4-1　预产期推算

配种时间	1月	2月	3月	4月	5月	6月	7月	8月	9月	10月	11月	12月
预计分娩期	6月	7月	8月	9月	10月	11月	12月	1月	2月	3月	4月	5月
推算时应减日数	2	2	4	4	4	4	4	4	4	2	2	2

（2）妊娠诊断方法

配种后的母羊应尽早进行妊娠诊断，及时发现空怀母羊，以便采取补配措施。对已受孕的母羊加强饲养管理，避免流产，这样可以提高羊群的受胎率和繁殖率。早期妊娠诊断有以下几种方法。

① 公羊试情法　此法为羊场常用方法，简单实用。母羊妊娠后，在下一个发情期，不再出现发情，对公羊没有性欲表现，不接受公羊的爬跨，可认为母羊已经怀孕。实际生产中，每天清晨（或早、晚各一次），将试情公羊赶入待配母羊群中进行试情，凡是愿意与公羊接近，并接受公羊爬跨的母羊即认为是发情羊。有的处女羊发情症状不明显，应将羊捕捉然后进行阴道检查判定。为了防止试情公羊偷配，试情时应在试情公羊腹下系试情布，试情布要系结实，防止阴茎脱出。

为了保证发情鉴定的准确性，在试情时应注意下列事项：第一，试情公羊应每隔5～6天排精或本交1次，以保证其旺盛的性欲及试情的积极性。第二，试情公羊与母羊群的比例应保持在1：30，最多不要超过40只，防止因公羊疲劳而影响试情的准确性。

第三，要保证试情时间和试情次数。一般情况下，每群羊应早晚各试情1次，对于1～2周岁母羊，应根据情况酌情增加1次试情，每次试情应保证在半小时以上。第四，发现试情公羊爬跨母羊，应将该母羊立即挑出圈外，避免公羊射精影响性欲。第五，试情公羊的管理、补饲应参照配种采精公羊的标准。

② 外部观察法　母羊配种后21天后不再发情，则可初步判断已经怀孕。妊娠后的母羊，食欲旺盛，被毛光顺，体重增加。性情变得温驯、安静，行动小心谨慎。妊娠后期母羊腹围增大，尤以右侧突出，两侧腹部不对称，乳房增大，临产前可挤出少许黄色乳汁。

③ 腹部触诊法　一般在早晨空腹时进行，触诊时将母羊的颈夹在两腿中间，两手放在母羊腹下乳房前方的两侧部位，将腹部微微托起。左手将羊的右腹向左方微推，左手拇指和食指叉开微加压力，便能触摸到胎儿，母羊怀孕60天以后，可以摸到游动的较硬的块状物。检查时要细心，手的动作应轻巧灵活，仔细触摸，不可粗心大意，以免造成流产。

④ B超诊断法　随着肉羊养殖业规模化、集约化程度的不断提高，在肉羊繁殖领域，借助B超诊断技术进行肉羊早期妊娠诊断，有效提高了肉羊早期妊娠鉴定的准确率，缩短了肉羊空怀天数，降低了空怀期饲养成本，进一步提升了肉羊繁殖效率，获得了较好的经济效益。

a. B超诊断的基本原理。B超诊断法又称灰度调制型超声诊断法，是将超声回声信号以光点明暗，即灰阶的形式显示出来，光点的强弱，反映了回声界面对超声反射和衰减的强弱，这些光点随探头移动而移动扫描，由于扫查连续，可以由光点、光线、光面构成被探测部位的二维断层图像或切面图像，这种图像称为超声声像图。根据声像图形态，结合羊的局部解剖学知识就可准确诊断羊早期妊娠与否。

b. B超诊断的检查部位。羊后肢股内侧腹壁与乳房两侧间的少毛区，山羊毛多影响观察效果时，可用剪毛剪将毛剪净，以利于探头和皮肤间的紧密接触，达到清晰的显像效果。伴随胎龄不断增加和胎儿的发育，探查部位可逐渐向前下方移动。

c. B超诊断的方法。待测母羊一侧靠墙（或围栏）站立保定。探头涂抹医用耦合剂后，将探头垂直紧贴于羊的皮肤，一边观察显示器显示的图像，一边缓慢滑动探头扫描，寻找清晰、准确的扫描效果，从而进行妊娠结果的判定。当探测到膀胱的暗区显像后，向膀胱的左上或右上方探查，胎龄较大时可向膀胱侧下方滑动探查。

d. B超诊断羊妊娠的依据。当显示屏上能够比较清楚地显像出圆形或椭圆形的一个或几个规则的孕囊液性暗区（怀孕19～24天）（图4-12），随着胎龄的延续，在暗区内可见到胎体所反射的较强的回声，显像明亮的胎斑，即可判定为妊娠阳性；无暗区或暗区很不规则为妊娠阴性；出现较大的暗区且暗区内有树枝状明亮的纹理，多为子宫积液（图4-13）。

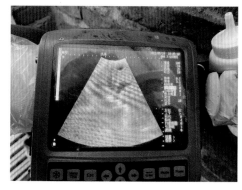

图4-12 几个规则的孕囊液性暗区（黄亮 拍摄）　图4-13 未怀孕，子宫积液（黄亮 拍摄）

（3）母羊分娩前的征兆

妊娠母羊将发育成熟的胎儿和胎盘从子宫中排出体外的生理过程就是分娩或叫产羔。母羊临近分娩时，精神状态显得不安，回顾腹部，时起时卧。躺卧时两后肢不向腹下曲缩，而是呈伸直状态。排便、排尿次数增多。放牧羊只则有离群现象，以找到安静处，等待分娩。母羊的分娩过程可分为三个阶段，即子宫开口期、胎儿产出期和胎膜排出期。一般分娩预兆表现如下。

① 乳房变化　母羊临产前乳房胀大，乳头直立，用手挤时有少量黄色初乳或少量清亮的胶状液体。但是，乳房变化受营养状况影响很大，营养不良的母羊，乳房变化不明显。

② 阴门变化　阴门肿胀、潮红、柔软红润，有时流出浓稠黏液。

③ 骨盆韧带变化　骨盆部韧带松弛，肷窝下陷，特别在临产前2～3小时最明显。

④ 行为变化　在分娩前数小时，母羊表现精神不安，频频转动或起卧，有时用蹄刨地，食欲不振，排尿次数增多，不时回顾腹部；经常独处墙角卧地，四肢伸直努责。放牧母羊常常掉队或卧地休息。

（4）做好接羔工作

母羊正常分娩时，在努责开始时卧下，由羊膜形成的白色、半透明囊状物突出到阴户，膜内有胎儿和羊水。在羊膜破裂排出羊水的半小时以内即可产出羔羊。正常胎位的羔羊，出生时一般是两前肢和头部先出，并且头部紧靠在两前肢的上面。若产双羔或多羔，先后间隔5～30分钟，但有时也长达数小时以上。因此，当母羊产出一羔时，必须检查是否还有未产出的羔羊，方法是以手掌在母羊腹部适力颠举，若还有羔羊则可触摸到光滑的羔体。

分娩是母羊的正常生理过程，一般应让其自行分娩，接羔人员只监视分娩情况，护理新生羔羊即可。但是，出现胎位不正、胎儿过大或产道狭窄等因素造成的难产时，需根据具体情况实施助产。

B超视频

4.2 如何提高产羔率

4.2.1 利用多胎基因

引进外来和国内多胎品种，利用多胎品种与本地品种杂交，提高繁殖率最快，是有效和简便的方法。如用波尔公羊与本地母羊杂交，或用萨能公羊与本地母羊杂交，或小尾寒羊公羊与本地母羊杂交都能培育出早熟、多胎、肉用性能好的肉羊新品种，并能提高产羔率25%左右。

4.2.2 选种选配

正确的选种是提高繁殖率的重要环节。种公羊要从繁殖能力高的母羊后代中选择培育。种母羊应从多胎母羊的后代中选择优秀个体，如泌乳和哺乳性能好的多胎母羊。利用双羔公羊或多羔公羊配母羊，或产过双羔的公母羊交配。

4.2.3 利用生物学刺激

本法主要是调节光照周期和配种季节，并在配种开始之前引入公羊逗情，促进母羊发情后多排卵并适时配种，以提高母羊的产羔率。

据报道，缩短光照时间也可使羊1年产2胎。具体方法是，春季把母羊的日照时间控制在8小时以内。这种人工控制的光照环境，可使母羊很快发情。母羊的妊娠期为150天，在分娩后即实行光照控制，从而达到1年产2胎的目的。

4.2.4 强化频密产羔

频密产羔是增加羔羊数量的有效方法，但对母羊和羔羊都必须加强饲养管理。对常年繁殖的母羊要缩短空怀期，使母羊间隔6～7个月产1次羔，1年产2次或2年产3次。如可以提早给羔羊断奶，由3～4个月改为2个月断奶，使母羊尽早发情配种。

4.2.5 屡配不孕解决方案

（1）传染病和寄生虫引起的不孕

很多传染病如布鲁氏菌病能引起母羊乏情及屡配不孕。寄生虫的代谢产物对母羊机体的刺激以及寄生虫对营养的消耗，会使母羊消瘦而引起乏情和屡配不孕。舍饲后，羊的饲养密度增大，更易发生传染病和寄生虫病。因此，羊场要搞好环境卫生和预防接种工作，并定期消毒。母羊要定期驱虫，每年至少进行两次。

（2）先天性生理缺陷和生殖器官疾病引起的不孕

子宫和卵巢发育不全、子宫颈闭锁、输卵管阻塞、子宫和阴道炎症、卵巢囊肿、卵巢机能减退都能引起乏情或不孕。在养羊生产中，如果后备母羊7月龄尚未发情或虽发情但3次配种不孕的，应进行育肥屠宰。对于基础母羊的阴道炎、子宫内膜炎应及早发现，及时用抗生素治疗。对于卵巢机能减退或卵巢囊肿应采用生殖激素调整、治疗。

（3）母羊乏情引起的不孕

① 预防措施。改善饲养管理，补饲富含蛋白质和维生素及矿物质的饲料，并且饲料种类要多样化；防止母羊过肥，减少精料喂量，增加青绿多汁饲料；加强运动，多晒太阳。

② 治疗方法有以下几种：a. 皮下注射"三合激素"。每只母羊每次2毫升，注射2～4天后发情，发情后第3个情期配种，有良好效果。因为"三合激素"能直接刺激生殖器官，有引导和促进排卵的作用。b. 内服"保孕一剂灵"（益母草、当归）。每只母羊每次200克，在配种前6小时给母羊灌服。c. 对不发情的母羊，皮下注射人绒毛膜促性腺激素1000～2000单位，每天1次，连用2～3天，有促进卵泡发育和加速排卵的作用。d. 对于体质虚弱、无力发情的母羊可灌服"胎盘汤"。取产后无病变的羊胎盘1个，用水清洗干净，然后切碎，放入锅内加水5000毫升，在75℃温水中灭菌30分钟后进行过滤。候温灌服，每只母羊每次1000毫升，有良好效果。e. 中草药疗法。用益母草50克，鲜松针100克，生黄芪100克，炙甘草10克煎水，红糖100克为引。候温内服，每天1剂，连用2～3天，可使母羊发情配种。f. 己烯雌酚和雌二醇疗法。肌内注射己烯雌酚3～10毫克，苯甲酸雌二醇4～6毫克。注射后7天左右开始发情，配种即可受孕。

4.3　如何提高羔羊成活率

因为羔羊体温调节能力差及内分泌功能未健全、消化机能差、对各种疫病抵抗力弱等，若未能精心护理，易造成羔羊生长发育缓慢，甚至死亡。因此，在整个养羊过程中，羔羊培育是肉羊生产的关键所在，羔羊成活率直接影响养羊的经济效益，这就需要通过各种方式来提高羔羊成活率。

4.3.1　选择品种是关键

保障羔羊成活率必须选择良好的羔羊品种。在选择时，应当选择体质较好、个体较大并且具有较强性欲的种公羊。然后选择具有优良繁殖性能、生产性能以及具有较强抗病能力的母羊。这样孕育的羔羊具有较高的存活率和优良的性能。还要重视管理，制订出良好的养殖计划，并且避免近亲繁殖。

4.3.2　选择合适的配种时间

在公羊和母羊配种时应当选择合适的配种时间，由于有些地区季节气候分明，所以配种的时间最好在每年的8～9月份。产出羔羊的时间在第2年的1～2月份，这个时间段病原繁殖力较弱，羔羊的发病率就会比较低，也可以提高羔羊的成活率。

4.3.3　加强妊娠期母羊和哺乳母羊的管理

母羊的平均妊娠期大约为149天，通常为140～157天。母羊的妊娠期可以分为妊娠前期和妊娠后期。妊娠前期是指配种后的最初3个月，这个阶段母羊需要的营养物质和空怀期基本相同，仅需要补充一些优质的蛋白质饲料以便于满足营养需求。妊娠后期，是指妊娠期最后2个月。这时羔羊生长较快，90%的体重在这个时间段增长，这时候就需要给母羊提供充足的营养性饲料。母羊妊娠后如果处于夏季和秋季，其可以采食青草性饲料，仅需要根据胎儿的发育需求适当补充一些精料、食盐和骨粉；如果在冬春季节缺乏青草，就应当给母羊饲喂优质干草，并补充蛋白质、食盐、胡萝卜和骨粉等。妊娠的母羊不能饲喂发霉和变质的饲料，不能直接饲喂冰冻的饮水和草料。在饲养管理中要避免母羊受到碰撞、奔跑、自我摔伤和碰伤等，以预防流产。

母羊处于哺乳期时，应该通过加强饲养管理来确保羔羊的成活率。母羊产后的2个月是饲养羔羊的关键时刻，此时如果母羊体质虚弱，就需要提供充足的营养。羔羊由于自身的机能发育不完全，主要靠吸食母乳来维持生长发育的需要，因此母乳的产量直接关系到羔羊的生长发育和成活率。

如果母羊缺奶，可以通过饲喂含有较高蛋白质的饲料或者豆腐渣来增加母羊的产奶量。母羊在产出羔羊后最初1周内不能饲喂较多的精料，防止消化不良发生乳腺炎。应当多喂些青绿性的饲料或者胡萝卜，随着哺乳时间的延长，减少对母羊的补饲。

4.3.4　母羊难产与助产

母羊难产较少，一般初产母羊骨盆狭窄，或胎儿过大、胎位不正等易出现难产。母羊产羔时，如果羊水破后30分钟左右仍未产出，且绵羊无力努责时，必须助产。助产的目的是将母羊腹中胎儿顺位、摆正，在保证母羊安全的前提下，强行拉出。

助产的准备：助产人员首先应将指甲剪短修圆、洗净，消毒浸泡5分钟，带上长臂手套，涂抹润滑剂。将母羊尾根、外阴部洗净、消毒。

助产的方法：当胎头通过阴门困难时，尤其是当母羊反复努责时，即行助产。用手握住羊羔两前肢，随着母羊努责，轻轻向下方慢慢拉出，但应注意防止会阴撕裂；如果胎儿过大，要将母羊阴门扩大，方法是把胎儿的两前肢拉出再送入产道，反复3～4次，然后一手拉前肢，一手扶头，随着母羊努责，慢慢向后下方拉出，注意不可用力过猛。

常见的几种胎位不正：胎头侧弯、肩关节弯曲、胎头下弯或后仰等。

图说高效快速养羊关键技术

处理难产，应有专门的兽医技术人员助产。助产的操作原则：一是首先将母羊后躯稍垫高，并将露出外阴的胎儿部分送回子宫。二是用手伸入产道，仔细探查羔羊的头、前后肢、颈部的位置和状态。三是根据羔羊在子宫内的胎位和状态，尽力恢复到胎儿产出的正确位置。四是采用产科器械、绳，随母羊阵缩，缓慢、稳准、用力拉出胎儿。五是保护母羊。六是如助产困难，而为了羔羊成活，应及时进行剖腹产术（图4-14）。

图4-14　人工助产（黄亮 拍摄）

4.3.5　精心护理初生羔羊

（1）产羔前的准备

产羔舍的面积按基础母羊占地面积的20%～25%准备，产羔舍为漏缝羊床，羊床比地面高50～60厘米，每间产羔舍面积为1.95～2.10平方米，高1.95～2.05米。舍内建母羊水槽和食槽。清除产羔舍内羊粪和垫草，用消毒药水消毒1次。将产羔舍温度控制在20℃左右。按照母羊配种登记，在预产期前2～3天移到产羔舍饲养，用百毒杀消毒乳房及阴部，分娩后对乳房、阴部和后躯进行清洗并用0.1%高锰酸钾消毒。

（2）排尽、擦干黏液

对产出的羔羊，要立即排尽、擦干其口和鼻中的黏液，避免影响羔羊呼吸。若黏液被羔羊吸入引起呼吸困难，则将羔羊后腿吊挂，然后拍打其胸部两侧，使其吐出黏液。羔羊身上的黏液让母羊舔干，若母羊不愿舔其黏液，则将麦皮撒在羔羊身上，母羊就会把其身上的黏液舔干，如图4-15所示。

（3）断脐带

一般情况下羔羊产出后脐带能自己断掉，用0.1%高锰酸钾消毒断口处。如果羔羊脐带不能自行折断，则将脐带内的血往胎儿腹部方向撸4～5下，在离腹部3～4厘米处将脐带切断，再用碘酒对切口处进行消毒。

图4-15 母羊舐干刚出生的羔羊黏液（黄亮 拍摄）

（4）抢救假死羔羊

对心脏有跳动无呼吸的"假死"羔羊，要立即施救，争取全产全活。先排尽、擦干其口鼻中的黏液和胎水，对准鼻孔猛吹几口气，同时实行人工呼吸；为了羔羊尽快苏醒，提起羔羊两后肢将羔羊悬空，同时用手拍打羔羊胸部两侧和背部，同时可注射肾上腺素、尼可刹米等进行抢救。也可在羔羊鼻孔周围涂上52度以上白酒或碘酒等来紧急抢救。对受冻"假死"且有心跳的羔羊，先把"假死"的羔羊放入36～37℃的温水中进行抢救，抢救过程中将水温逐步调整至44～46℃，这个过程约为0.5小时，并用手托住羔羊头部防止羔羊沉入水里，同时将其摆动，防止呛水，并进行人工呼吸。"假死"羔羊恢复呼吸后，擦干其身，立即放入有保温灯或炭火的暖和处。

4.3.6　细心喂养羔羊

（1）尽早吃初乳

母羊产羔后1周内所产乳为初乳，其浓稠且呈淡黄色。初乳含有丰富的营养物质和大量的免疫球蛋白，可以增强羔羊的抗病力；初乳含有较多的钙盐和镁盐，能促进羔羊胎粪排出。羔羊出生后争取1小时内吃到初乳，3天内要吃足初乳才能保证较高的成活率。羔羊出生后半小时左右寻母乳吃，在吃母乳之前用百毒杀消毒液对母羊乳房进行清洗和消毒，并用洁净的毛巾擦干乳房和乳头，挤掉奶塞并挤去陈乳后让羔羊吃初乳。对于弱羔应人工协助吮乳。把羔羊放在乳房边之前要将母羊保定，并由养殖工人协助羔羊找乳头，多次之后羔羊可以自行找奶吃。羔羊出生1～7天与母羊在一起舍饲，自由吮乳；羔羊出生8～30天，母羊在较近的草场吃草，白天母羊给羔羊吮乳3～4次，夜间母羊与羔羊同宿，自由吮乳。羔羊满月前以哺乳为主，满月后递减哺乳，递增草料。第3个月羔羊以草料为主，以哺乳为辅。帮助奶水少、母羊产后患病或死亡的羔羊找奶山羊作保姆羊，羔羊争取吃一点初乳。为解决保姆羊的奶不让吃的问题，把保姆羊的奶水涂在羔羊身上并把保姆羊和羔羊关在同一暗屋，一般情况下保姆羊在几小时后肯让羔羊吃奶。没有合适保姆羊，人工喂鲜牛奶，水浴加热鲜牛奶达35～36℃，使用奶瓶细心引导羔羊吮吸奶瓶乳头。1周内每2～3小时喂1次，奶瓶应喂1次洗1次，保持用具清洁，同时，将羔羊嘴上的余乳用洁净的毛巾擦干净。

（2）供给饮水

对初生5～6天的羔羊，每天午后要进行饮水训练，并用奶瓶喂36～37℃洁净的温开水50～60毫升。在炎热的夏天提供适量的车前草、淡竹叶、鱼腥草汤，起到消暑、清热解毒的作用。

（3）羔羊早期补饲

羔羊早期补饲技术是指羔羊在出生14日龄后，通过设置羔羊补饲栏或料槽为羔羊补喂饲料的一项技术。其目的在于加快羔羊早期生长速度，刺激消化器官的发育。同时也减少了羔羊吃母羊奶的频率，使母羊泌乳高峰期保持较长时间。早的可以提前到羔羊14日龄时，一般在羔羊21日龄开始补料。

① 补饲时间。羔羊要做到早开食，以刺激消化器官的发育。10～15天，训练羔羊采食青草和精料，使羔羊的胃肠机能及早得到锻炼，促进消化系统和身体的生长发育。50日龄以后应以青粗饲料为主，适当补喂精饲料，精饲料喂量随月龄的增长而增加。

② 补饲饲料。根据哺乳羔羊消化生理特点及正常生长发育对营养物质的要求，选择好补饲饲料。条件具备的话，可以购买专用的羔羊开食料补饲。补饲饲料种类包括青干草和配合饲料，配合饲料为玉米、黄豆或豌豆、食盐等粉碎的混合饲料或颗粒饲料。青干草为三叶草、燕麦草、黑麦草、苜蓿草等。

③ 补饲方法。在母羊圈舍内放置一个羔羊补饲栏，补饲栏内设料槽和水槽，每天将羔羊补饲饲料放置其中，任羔羊自由采食。羔羊在补饲栏内可采食到补饲饲料，在栏外能吃到母乳，满足羔羊生长发育需要，提高生长速度。15日龄羔羊每天补喂混合精料30～50克，30日龄70～100克，2～3月龄补喂混合精料100～200克，3～4月龄补喂混合精料250克以上，优质青干草自由采食。

④ 精心管理。羔羊补饲要做好羊舍和用具的消毒工作，地面保持干燥，羊舍要冬暖夏凉、通风干燥，每只羔羊有0.5～1平方米的活动和歇卧面积。饮水充足清洁，认真搞好疫病防治，加强饲养管理。

4.3.7 小心管理羔羊

（1）保温防寒

初生羔羊体温调节机能不完善，对外界温度变化非常敏感。羔羊舍温8～10℃比较适宜，夏季舍温不应超过30℃，一般舍温20℃。从母仔表现判断室温是否合适，合适的舍温，母仔卧在一起安详地睡；舍温过低，羔羊卧在母体上，此时应用炭火或保温灯提高羊舍温度，在暖和的羊舍给羔羊创造舒适的环境，防止羔羊因感冒而发生疾病或冻死。

（2）适当运动

羔羊要适当运动，多晒太阳，可增强体质，促进骨骼发育，提高免疫力。羔羊出生1周内在圈内舍饲，1周以后在无风温暖的晴天可将羔羊赶到羊场周围或较近的草场自由活动，适当运动和日光浴1～2小时，2周之后逐渐增加羔羊的运动量，4周后羔羊正常放牧。为了防止羔羊疲劳，在放牧时不能跑远，雨天不放牧。

4.3.8 用心做好羔羊疫病防控

羔羊对各种疫病抵抗力弱，若发病，易造成羔羊生长发育缓慢，甚至死亡，疫病防控原则以预防为主，治疗为辅。

（1）免疫接种

母羊产羔前35～40天，对全部怀孕母羊肌注三联四防氢氧化铝菌苗，预防羔羊痢疾、羊肠毒血症、羊快疫及羊猝狙等疫病。要做好羔羊免疫工作，在20日龄左右用羊梭菌病多联干粉灭活疫苗皮下注射1毫升；1月龄左右用山羊痘病弱毒苗在尾根腹侧或股内侧皮内注射1头份；2月龄左右用山羊传染性胸膜肺炎菌苗肌注3毫升。免疫接种时要认真按免疫规程操作，确保疫苗质量与剂量。

（2）定期消毒

制订羊场消毒制度，每天清扫羊舍，每天清理食槽，定期对羊床、用具等予以消毒，确保羊舍、用具、羊体、母羊乳房卫生清洁。若羊发病，增加消毒次数，立即将病羊隔离诊治，将病死羊及污染物无害化处置。

（3）药物预防

羔羊出生后，迅速给喂土霉素0.2克，2次/天，防羔羊腹泻。冬春季用食醋每15天带羊熏蒸1次，用食醋15～20毫升/米^{3}加等量水加热对羊舍熏蒸30～40分钟后放羊，对呼吸道疾病有预防作用。羔羊3月龄时应进行第1次驱虫，以后每2～3个月驱虫1次。可选择左旋咪唑和伊维菌素来驱除线虫、绦虫等寄生虫。左旋咪唑用量为10毫克/千克，1次/天，连服2天；伊维菌素用量为0.2～0.3毫克/千克，皮下注射，严格控制剂量，防止中毒。供足草料和饮水并增添电解多维，有效促进羔羊的生长发育，增强抗病力，提高成活率。羔羊发生吃羊毛、咬破布、啃墙土等异食癖，会引起肠道堵塞而死，应用矿物质等进行预防。

4.3.9 应用人工代乳技术

我国传统养羊方式延长了母羊配种周期，降低了繁殖利用率；因多胎或母羊产奶量不足，母乳不能满足羔羊快速生长发育的营养需要，从而影响羔羊的生长发育甚至造成羔羊死亡。而在生产中实施早期断母乳利用人工代乳可以克服上述缺点。

人工代乳技术是通过给羔羊饲喂代乳品及开食料替代母乳进行断奶，缩短哺乳期，从而调控母羊繁殖周期、促进羔羊快速生长和提前发育的一项重要技术。

（1）羔羊代乳粉的使用方法

① 断奶前要做好以下准备工作。a. 羔羊与母羊分开后，要在其身上用喷漆做上记号，有条件可打耳号，便于日后管理；b. 给羔羊选取干净、朝阳、通风好的羊舍，将羊舍打扫干净、消毒；c. 准备一套专用的饲喂代乳粉的器具，如烧开水的壶、奶瓶、奶嘴、盆、桶，清洗干净，开水煮过消毒；d. 尽量准备好羔羊补草料的吊架槽。

② 代乳粉的调制。奶瓶奶嘴及冲调的容器每次饲喂后要刷干净，饲喂前要沸水煮沸5分钟。代乳粉的冲调比例：建议在断奶初期要小一些，以1：3～1：5为宜，使得干物质比例高，增加小羊的营养物质采食量。到中后期可以增大比例至1：6～1：7。

调制代乳粉乳液，要用50～60℃的温开水冲调代乳粉，待冲调的代乳粉凉至35～39℃时再进行饲喂。在没有温度计的情况下，可将奶瓶贴到脸上感觉不烫即可。注意要控制温度，防止过凉引起腹泻，过热烫伤羔羊的食管。

③ 饲喂方式。羔羊与母羊分离之后，用奶瓶装代乳粉对羔羊进行诱导灌喂，但要遵循少喂多餐的原则，以避免过强的应激，使小羊能够慢慢适应代乳粉。一般情况下，刚断奶的羔羊1周内，1天要饲喂3～6次，每次饲喂时间间隔要尽量一致，以便使小羊尽可能多地采食代乳粉。夜间尽可能饲喂1次，尤其是在冬季，以防止小羊能量不足冻死。

待羔羊食用代乳粉正常1周后，可以用盆或吊架槽诱导羔羊采食代乳粉。饲喂人员用手指蘸上代乳粉让羔羊吮吸，逐步将手浸到盆中，将手指露出引诱羔羊吮吸，最后羔羊能够直接饮用盆中的代乳粉，此步骤要有耐心，经过2天左右羔羊就能独立饮用代乳粉乳液了。此训练的成功，对以后的饲喂节省人工起着至关重要的作用。

④ 代乳粉饲喂量。羔羊代乳粉的饲喂量以羔羊吃八分饱为原则。通常的用量：羔羊日龄在15天以内时，每天每只喂3～5次，每次20～40克代乳粉，兑水搅拌均匀；羔羊日龄超过15天时，每天喂3次，每次40～60克代乳粉。实际操作中可根据羔羊的具体情况调整喂量。同时，要注意观察采食后的羔羊腹泻情况，以调整采食量和进行药物治疗。

（2）羔羊早期断奶和代乳粉饲喂的注意问题

① 吃足初乳。羔羊初生1～3日龄内一定要吃上初乳。因为初乳中含丰富的蛋白质、脂肪，氨基酸组成全面，维生素较为齐全和充足，矿物质较多，特别是镁多，有轻泻作用，可促进胎粪排出。抗体多，是一种自然保护品，具有抗病作用，能抵抗外界微生物侵袭。因此，吃好初乳是降低羔羊发病率，提高其成活率的关键环节。

② 饲喂高质量的代乳粉和开口料。断奶羔羊体格较小，瘤胃体积有限，瘤胃乳头尚

未发育，瘤胃收缩的肌肉组织也未发育，未建立起微生物区系，微生物的合成作用尚不完备。粗饲料过多，营养浓度跟不上；精料过多缺乏饱腹感，因此精粗料比以8：2为宜。羔羊处于发育时期，要求蛋白质、能量水平高，矿物质和维生素要全面。有试验表明：日粮中微量元素含量不足时，羔羊有吃土、舔墙现象的发生。因此，不论是代乳粉、开食料，还是早期的补料，必须根据羔羊消化生理特点及正常生长发育对营养物质的要求，在保证质量尽量接近母乳的情况下，一要具有较好的适口性，保证吃够数量，易消化吸收；二要营养好，保证羔羊生长发育需要的营养，特别是能量和蛋白质；三要成本低廉。

③ 精心饲喂，注意清洁卫生。哺乳器具务必保持清洁，使用后要及时洗净、杀菌，并干燥存放，以避免羔羊通过消化道感染细菌，从而降低发病率。

④ 推行颗粒状的开口料补饲。颗粒饲料体积小，营养浓度大，非常适合饲喂羔羊。所以，在开展早期断奶强度育肥时都采用颗粒饲料。实践证明：颗粒饲料比粉料能提高饲料报酬5%～10%，适口性好，羊喜欢采食。另外，颗粒饲料良好的流动性和输送特性对于商品化的羔羊饲料生产非常重要。

（3）羔羊代乳粉用于羔羊早期断奶操作步骤

操作步骤见图4-16～图4-21。

图4-16　收集3羔或以上的羔羊

图4-17　出生7日龄左右的羔羊集中在一起

图4-18　教会出生后7日龄的羔羊喝代乳粉的奶水

图4-19　羔羊已学会喝人工乳

图4-20 使用多奶嘴给羔羊喂奶　　　　图4-21 羔羊断掉人工乳，进入育成阶段

4.3.10 僵羊处理方案

（1）什么是僵羊

在养羊生产中，经常会遇到这样一些羊，这些羊只吃料不长肉，被称为僵羊，占到羊群的6%～10%。这些羊的存在严重影响了养羊生产的效益，应该尽早淘汰，继续饲养下去只会造成更大的损失及拖累羊群的经济效益。

（2）僵羊的表现及形成原因

该病多发于15～25千克的羔羊。临床表现：被毛粗乱，体格瘦小，圆肚子，尖屁股，大脑袋，弓背缩腹，精神尚可，只吃不长，平均每天长不到50克，有的6个月龄才达到20千克。

根据形成的原因，僵羊一般分为胎僵、乳僵、病僵、虫僵、料僵、创伤僵。

① 胎僵　由于妊娠母羊饲料单纯，缺乏钙、磷、蛋白质、矿物质、维生素等成分，母体体质差导致胎儿在母羊体内发育不良；或是公母羊配种年龄过小，或近亲繁殖或近交滥配所致胎儿先天不足，体重小，生活力差，生长缓慢，形成胎内僵羊。

② 乳僵　由于对哺乳母羊饲养管理不当，母羊营养不良或患慢性疾病，乳量不足或缺乳，乳品质不良；或产多羔、体弱、补料过晚，使哺乳羔羊生长发育受阻，形成乳僵。

③ 病僵　羔羊因患病如感冒引起肺炎、咳喘；羔羊痢疾等，久治不愈而形成僵羊。

④ 虫僵　由于体内寄生虫侵蚀，使羔羊营养消耗大，影响生长发育而形成僵羊。

⑤ 料僵　羔羊断奶后，日粮品质不良，营养缺乏，或育成羊同群饲养，强者多吃食，弱者吃不到足够的料而处于饥饿状态，久而久之形成僵羊。

⑥ 创伤僵　这种僵羊是由于阉割、剪毛、打斗等造成重大创伤后引起的生长缓慢。

（3）僵羊的处理

在实际生产中，很难知道僵羊形成的原因，建议将僵羊直接淘汰。平时应该做好羊只的管理工作，尽量减少僵羊的产生，做好怀孕羊只及哺乳羊只的管理工作，加强营养，注意保健。及时驱虫防疫，做好疾病的预防及治疗工作。

（4）预防形成僵羊的一些措施

① 创造适宜的羊居住环境　圈舍要冬暖夏凉，实行圈养的羊群要有足够的运动场地，羊场、羊舍及运动场要保持清洁卫生，定期消毒，及时清除粪污；羊舍饲养密度要合理，一般每平方米1只羊为宜；根据羊只的大小、体质的强弱分群饲养。

② 把好繁殖配种关　杜绝近亲繁殖，选用优良公母羊进行繁殖；公羊、母羊的配种年龄不能过小（至少8月龄，体重30千克左右）；加强繁殖母羊和种公羊的管理，母羊怀孕后期和哺乳期要增加营养供给，并注意营养平衡，饲料要多样搭配，添加常量、微量元素及复合维生素等；种公羊配种旺盛期营养要充足，并提高日粮中蛋白质饲料比例。母羊分娩前7天，每日加喂150克熟黄豆，以增加泌乳量。产后7～10天预防乳腺炎。母羊泌乳量不足或缺乳可用催乳精或中药催乳。

③ 加强饲养管理

a. 饮水。必须饮用自来水或清洁的常流水，不得饮死水、脏水。

b. 草料供应。尽量喂优质牧草、氨化饲料，并适当增喂一些杂木树叶，每天补饲配合精料0.15～0.25千克，早晚各补1次。如自配饲料应添加适量的微量元素、维生素、蛋白质，并随时观察各羊只采食情况。

c. 初生羔羊要精心管理，补养结合。羔羊出生后1小时内，喂足初乳，注意羔羊的防寒保暖。

d. 适时断奶。如果人工代乳技术不成熟，建议羔羊2月龄断奶比较合适，断奶前后避免去势、打防疫针、惊吓等对羔羊造成应激反应。

e. 进行合理分群。羔羊断奶后要根据公母、大小、强弱进行分群管理。

f. 定期驱虫。必须每个季度给羊进行一次体内、体表驱虫。

g. 加强运动。圈养羊运动时间每天不得少于3小时（上午、下午各1.5小时）。

第5章

羊营养需要及常用饲草料

羊从饲料中摄取营养物质，用于繁殖、生长、哺乳、育肥、产毛等方面，营养物质涉及蛋白质、能量、维生素、矿物质和水等。

饲料是各种营养物质的载体，它几乎含有肉羊所需要的所有营养物质。但是，绝大多数单一饲料所含有各种营养素的数量和比例均不能满足肉羊的全部营养需要。要合理饲喂羊只，提高肉羊养殖效益，首先必须了解各种饲料的营养特点、营养价值、来源、性质及产量等。

5.1 羊的营养需要

5.1.1 羊的营养需要特点

（1）日粮以粗饲料为主

羊对饲料中粗饲料的消化吸收主要在瘤胃中进行，粗饲料是瘤胃的主要填充物，产生饱感；维持正常的瘤胃微生物区系；刺激瘤胃进行反刍；利于维持正常的瘤胃pH。羊采食饲料中55%～95%的可溶性碳水化合物、70%～95%的粗纤维是在瘤胃中被消化的。粗饲料在瘤胃内的消化分解见图5-1。

（2）蛋白质营养特点

可将生物学值较低的植物性蛋白质和几乎无生物学价值的非蛋白氮（如尿素等）转化为生物学价值较高的微生物蛋白质（图5-2）；瘤胃微生物蛋白质是羊氮营养的主要

来源，在以放牧为主的情况下，羊需要的氮营养70%以上是由瘤胃微生物蛋白质提供的，在以植物性蛋白质为主的舍饲情况下，60%以上的氮由微生物蛋白质提供。

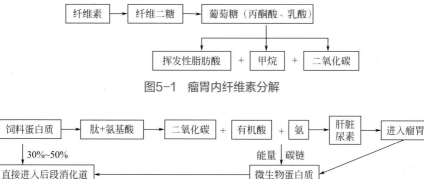

图5-1　瘤胃内纤维素分解

图5-2　瘤胃内饲料蛋白质分解利用

（3）能量需要特点

挥发性脂肪酸是肉羊能量的主要来源，可提供羊所需要能量的70%以上；精饲料发酵产生的丙酸比例较高，丙酸可以给羊提供较多的有效能，有利于肉羊的育肥。

（4）维生素营养特点

肉羊（除羔羊阶段）瘤胃微生物可以合成足量的B族维生素和维生素K，饲料中不必添加；体内可合成足够维生素C；一般牧草中含有大量维生素D的前体，经紫外线的作用可转化为维生素D，放牧羊或饲喂青干草的舍饲羊一般不会缺乏维生素D；微生物和羊本身不能合成维生素A，而且瘤胃微生物对饲料中的维生素A还有一定的破坏作用，饲料中需给羊补充维生素A。

（5）矿物质营养特点

羊在生长和生产过程中，需要许多种类不同且功能各异的矿物质，当日粮供给不足时，羊的生长和生产就会受到不同程度的限制。组成羊体组织的元素有26种，其中常量元素有钙、磷、钠、钾、镁、硫和氯7种；微量元素有铁、铜、锰、锌、钴、碘、硒、钼、氟、钒、锡、镍、铬、硅、硼、镉、铅、锂和砷19种。

5.1.2　羊的饲养标准

羊的饲养标准就是通常说的羊的营养需要量。它是根据羊的品种、性别、体重、生理状况、生产目的等因素，科学合理地规定每只羊每天应从饲料中获得的各种营养物质的数量。

根据饲养标准为肉羊配制日粮，是一种科学的饲养方法，它不仅可提高肉羊的生产性能，充分发挥羊的生产潜力，而且可以节省草料，降低饲养成本，提高经济效益。目前肉羊常用的饲养标准有美国营养需要NRC（2007）（图5-3）和我国的肉羊营养需要量（2021）等（图5-4）。

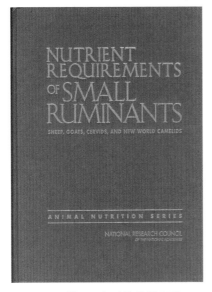

图5-3　美国反刍动物营养需要　　　　图5-4　我国肉羊营养需要量

在肉羊生产中，需根据不同羊不同生长发育阶段的饲养标准进行日粮配合。粗饲料、青绿饲料、青贮饲料、能量饲料、蛋白质饲料、矿物质饲料等各种饲料的营养价值虽然有高有低，但没有一种饲料的养分含量能完全符合肉羊的需要。只有把几种饲料合理搭配，才能获得与动物需要基本相似的饲料。首先满足能量和蛋白质的需求，然后根据矿物质元素（如钙、磷）、维生素等需要，添加富含这类营养物质的饲料，最后将计算结果与饲养标准对照，若营养指标不足或过多，则对比加以调整，调整结果与饲养标准越接近越好，或主要指标（如蛋白质）稍优。应用到生产中，还需要结合生产实际不断加以完善。

5.1.3　羊所需的营养物质及其作用

（1）水

不同种类、不同部位、不同器官的饲料，水分含量不同（5%～95%），即使是同一种类的饲料，收割时期不同，水分含量也不同。一般谷类籽实、糠麸、饼粕类饲料中水分含量少，而酒糟、糖渣中水分含量较高；同一饲料枝叶中的水分含量多，而茎秆中水分少；幼嫩时水分较多，而成熟后水分减少。

①作用　水是生命之源。体内失水10%时，羊即感到不适，失水20%～25%时就会危及生命。羊饮水不足会影响其生理功能，使羊丧失食欲，代谢紊乱，生产性能下降，羊患病甚至死亡。常见的羔羊下痢死亡，其直接原因就是严重脱水。

② 来源　这些水主要来自饮水，其次是饲料含水和代谢水。

③ 需要量　羊饮水量的多少，取决于羊的体况、季节和饲料种类。羊每采食1千克饲料干物质，需水1～2千克。成年羊一般每日需饮水3～4千克。夏季、春末、秋初饮水量增大，冬季、春初和秋末饮水较少。

（2）干物质

干物质指饲料中除去水分以外的所有固形物的总称，包括蛋白质、粗纤维、无氮浸出物等。

干物质采食量是一个综合性营养指标，其采食量多少与羊品种、个体特点、饲料品质、饲喂方法及环境等有关。一般羊干物质采食量占体重的3%～5%，所以饲养羊时应严格控制干物质采食量。在配制羊日粮时应正确协调干物质采食量和养分浓度之间的关系。

（3）碳水化合物

在营养界常将碳水化合物分为粗纤维和无氮浸出物。粗纤维是饲料细胞壁的成分，包括纤维素、半纤维素及木质素等，是饲料中较难消化的营养物质。无氮浸出物主要存在于细胞内容物中，包括单糖、双糖和淀粉。

① 作用　总的来讲，碳水化合物功能如下。a.羊能量的主要来源。每克碳水化合物在体内平均产生16.15千焦的热能，通过氧化供能，满足羊生理需要。羊的呼吸、运动、生长、维持体温等全部过程都需要热能，而这些热能的主要来源就是碳水化合物。b.构成羊体器官的重要成分。c.碳水化合物除供应热能外，剩余部分可在体内转化成糖原和脂肪作为营养物质的贮备，以备营养不足时动用，如饥饿时利用。d.合成必需氨基酸的原料。e.乳糖和乳脂的原料。f.羊瘤胃中微生物繁殖及菌体蛋白的合成也受碳水化合物的影响。

粗纤维作用：粗纤维对羊的饲养具有特殊作用和意义。粗纤维不易被消化，吸水性好，吸水量大，可填充羊的胃肠道，给羊以饱感。对肠黏膜有一定的刺激作用，促进肠的蠕动和粪便排出。纤维素和半纤维素能被瘤胃微生物发酵，在瘤胃纤维分解菌的作用下，可将不溶性纤维分解为可溶性的糊精和糖，再分解成低级挥发性脂肪酸，既是重要的能量来源，又是合成乳汁成分的重要来源。

粗纤维中的木质素不能被羊瘤胃利用，并且饲料由于它的存在，妨碍羊对纤维素、半纤维素及其他营养物质的利用。一般饲料中木质素每增加1%，羊对饲料有机物的消化率下降0.8%。

无氮浸出物作用：淀粉和其他糖类可以作为快速降解的机质，用来满足瘤胃微生物在进食和食糜推进过程中，自身生长和繁殖时能量的需求。

无氮浸出物不足时，纤维素分解菌得不到充分发育，导致纤维素消化率下降。无氮浸出物过多，瘤胃环境将向不利于瘤胃纤维分解菌活动的方向变化，也导致纤维素消化率的下降。淀粉和其他糖不足或过多都会影响瘤胃中蛋白质的合成和瘤胃微生物对非蛋白氮的利用。适量的易消化碳水化合物可以保证机体对葡萄糖的需求，也可保证机体正常代谢和体况。

② 来源　碳水化合物主要存在植物饲料中，是羊饲料中所占数量最多的营养物质，通常占其干物质的50%～70%。

③ 需要量　羊对碳水化合物的需要受年龄、性别、生长阶段、品种等各种因素影响。另外，饲料中的蛋白质含量也影响对碳水化合物的需求。

（4）蛋白质

饲料中所有含氮的物质统称为粗蛋白质，包括真蛋白质和氨化物两部分。它们是由碳、氢、氧、氮4种元素组成许多的氨基酸，再结合成的蛋白质。羊对蛋白质的需要，实质上也就是对氨基酸的需要。

但要特别指出的是，羊属于反刍家畜，具有特殊的消化器官——瘤胃，瘤胃中的微生物可以合成各种氨基酸来满足需要，因而对于瘤胃功能已完善的羊而言，其摄入蛋白质的数量和质量不像猪、鸡要求严格。值得注意的是，60日龄前的羔羊，瘤胃发育不全，微生物合成功能不完善，体内不能合成必需氨基酸，只能依赖母乳或代乳品供应。随着羊瘤胃发育成熟，对日粮必需氨基酸需求减少，但仍必须保证蛋白质数量的充分供给，使瘤胃微生物利用饲料中的蛋白氮和非蛋白氮合成各种氨基酸，满足羊迅速生长发育的需要。

① 作用　a.蛋白质是组成各种生命活动所必需的酶、激素、抗体等物质原料。b.羊的肌肉、皮肤、内脏、血液、神经、结缔组织等体组织均以蛋白质为基本成分。c.蛋白质是体组织再生、修复、更新的必备物质。d.蛋白质是肉、奶、毛、皮等羊产品的原料。e.蛋白质还可作为供能物质。

② 来源　一是饲料中的蛋白质。饲料中的蛋白质进入羊瘤胃后，大多数被微生物利用，合成菌体蛋白，然后与未消化的蛋白质一同进入真胃，由消化酶分解成各种必需氨基酸和非必需氨基酸，被消化道吸收利用。二是非蛋白氮。羊瘤胃微生物在脲酶作用下，能利用非蛋白氮合成菌体蛋白，所以可利用尿素、碳酸氢铵等非蛋白氮化合物来降低成本喂羊，起到补给蛋白质的作用。

③ 需要量　羊对蛋白质需要量受生长、妊娠、泌乳、体重、体况、增长速度及蛋白质与能量比例等因素的影响。如果日粮中能量浓度过低，而蛋白质百分率不变，羊为了能量的需要，势必增加采食量，就会出现摄入蛋白质过多的问题。因此，日粮中必须保持合适的能量蛋白质比例。

羊对粗蛋白质的消化率为80%左右。一般每兆焦消化能约需配合4.78克可消化蛋白质，就能满足非哺乳期母羊对蛋白质的需要；对泌乳羊、生长羊和育肥羊，则要求配合更多一些的可消化蛋白质；身体瘦弱的母羊在开始妊娠时，对蛋白质的需要量比体况好的要多些；育肥羔羊的蛋白质需要量，随着增重速度的增加而增加。

（5）脂肪

脂肪不仅是构成羊机体的重要成分，也是热能的重要来源。脂肪能溶解脂溶性维生素A、维生素D、维生素E、维生素K、胡萝卜素和一些生殖激素，便于羊体吸收利用。多余的脂肪则以体脂的形式储存于体内，并在日粮条件差时，转化为热能维持生命和生产。

凡是体内不能合成，必须由日粮供给或通过体内特定先体物质形成，对机体正常功能和健康具有重要保护的脂肪酸称为必需脂肪酸。成年羊可以自身合成必需脂肪酸，而幼龄羔羊瘤胃功能尚不完善，需要从日粮中摄入部分必需脂肪酸。

① 作用　a. 脂肪是羊机体的重要成分，羊的各种器官、组织如肌肉、皮肤及血液等都含有脂肪。b. 脂肪是羊产品的组成成分，如羊乳中含脂肪约3.5%，羊肉中含脂肪16%～20%。c.脂肪是脂溶性维生素的溶剂。日粮中的维生素A、维生素D、维生素E、维生素K及胡萝卜素，只有被日粮中的脂肪溶解后，才能被羊吸收利用。

② 来源　各种饲料中均含有脂肪，但含量不高，在1%～4%，所以羊的日粮中脂肪含量不高。饲料中的多数脂肪在常温下呈液态，这是因为植物脂肪含有大量的不饱和脂肪酸，其硬度小，熔点低。

③ 需要量　脂肪对羊来讲在营养方面是必要的，但在羊常用饲料中脂类含量较低，且由于羊瘤胃中有大量的微生物，使羊脂肪的消化、代谢以及合成有别于其他家畜。一般日粮中玉米、豆粕等物质中的脂肪可以直接满足羊的营养需要，不需要额外添加。

（6）矿物质

饲料燃烧后剩下的物质就是矿物质，也称为灰分。饲料中的矿物质主要有钾、钠、磷、锰等。一般禾本科作物中钾和钠高于豆科作物，而豆科作物中的钙和磷高于禾本科作物。

饲料作物的部位不同，矿物质含量也就不同。一般茎叶的矿物质含量较高。随着植物生长，矿物质含量虽逐渐减少，但其中钠和硅的含量则逐渐增加。

一般植物性饲料都缺钙，但豆科牧草如苜蓿、红豆草等含钙较高，农作物秸秆含磷较低。谷实类如玉米、高粱等，糠麸含磷较高；动物性饲料如鱼粉、骨粉等钙、磷含量都十分丰富。

植物是从土壤和水中取得矿物质的，土壤和水中矿物质种类和含量直接影响植物中矿物质的种类和含量。土壤中缺什么，植物中相应缺什么，因此在该地区放牧的羊就会患相应的矿物质不足症。

羊体的矿物质含量虽然只占体重很小的比例，却是生命活动的必需物质，几乎参与所有生理过程，是体组织和细胞，特别是形成骨骼、牙齿的主要成分，调节渗透压和酸碱平衡，参与三大有机营养物质代谢，维持细胞膜渗透性及神经肌肉的兴奋性等。

（7）维生素

维生素既不是能量来源，也不构成体组织的成分，它以辅酶和催化剂的形式广泛参与体内代谢的多种化学反应，是维持羊体正常生理机能所必需的具有高度生物活性的有机化合物，即维持生命的基本要素。

维生素在体内起催化作用，能促进主要营养素的合成和降解，从而控制机体代谢。各种维生素化学性质不同，生理营养功能也不同。目前，许多维生素的生物学功能仍没有彻底弄清，这些维生素按其溶解性分为脂溶性（维生素A、维生素D、维生素E、维生素K）和水溶性（B族维生素和维生素C）两大类。

羊体内维生素可以从饲料获得，也可以由羊自身合成部分维生素。成年羊瘤胃微生物可以合成B族维生素及维生素C、维生素K，一般不缺乏，但瘤胃功能尚未健全的幼龄羔羊不能自身合成，需要人为添加。脂溶性维生素A、维生素D、维生素E则对羊的生产影响十分大。羊日粮中应注意补给维生素A、维生素D、维生素E，哺乳羔羊还应补给维生素B_2。

5.2 羊生产常用饲草料

肉羊常用的饲料主要包括粗饲料和精饲料，其中精饲料主要有能量饲料、蛋白质饲料、矿物质饲料、维生素饲料及饲料添加剂；粗饲料主要有青绿饲料、青贮饲料、青干草和秸秆类饲料等。

5.2.1 常用能量饲料

以干物质计，粗蛋白质含量低于20%，粗纤维含量低于18%，每千克干物质含有消化能10.46兆焦以上的一类饲料即为能量饲料。这类饲料主要包括谷实类、糠麸类、块根块茎类及其加工副产品、动植物油脂以及乳清粉等。能量饲料在动物饲粮中所占比例最大，一般为50%～70%，对动物主要起着供能作用。

（1）谷实类饲料

谷实类饲料是指禾本科作物的籽实，如玉米、高粱、小麦、大麦等。谷实类饲料富含无氮浸出物，一般都在70%以上；粗纤维含量少，多在5%以内，仅带颖壳的大麦、燕麦、水稻和粟可达10%左右；粗蛋白质含量一般不及10%，但也有一些谷实如大麦、小麦等达到甚至超过12%；谷实蛋白质的品质较差，乃因其中的赖氨酸、甲硫氨酸、色氨酸等含量较少；其所含灰分中，钙少磷多，但磷多以植酸盐形式存在，对单胃动物的有效性差；谷实中维生素E、维生素B_1较丰富，但维生素C、维生素D贫乏；谷实的适口性好；谷实的消化率高，因而有效能值也高。正是由于上述营养特点，谷实才是动物最主要的能量饲料。

① 玉米　是肉羊的主要能量饲料之一，所含能量在谷实中最高，号称"饲料之王"，而且适口性好，易于消化。玉米的代谢能为14.06兆焦/千克，高者可达15.06兆焦/千克，是谷实类饲料中最高的。这主要由于玉米中粗纤维很少，仅2%，而无氮浸出物高达72%，且消化率可达90%；另一方面，玉米的粗脂肪含量高，在3.5%～4.5%之间。

玉米因适口性好，能量含量高，在瘤胃中的降解率低于其他谷类，通过瘤胃到达小肠的营养物质比较多，因此可较多地用于肉羊日粮中。

② 小麦　小麦的粗蛋白质含量较高，在12%左右，高者可达16%。由于小麦中木聚糖含量较高，进入肠道后黏性增加，影响消化，在我国较少用于饲料。小麦是否用于饲料取决于玉米和小麦的价格。

③ 大麦　大麦籽实有两种，即带壳的草大麦和不带壳的裸大麦。带壳大麦，即通常所说的大麦，其能量含量较低。大麦谷粒坚硬，饲喂前必须压碎或碾碎。大麦中无氮浸出物与粗脂肪含量均低于玉米，粗脂肪中的亚油酸含量很少，仅0.78%左右。粗纤维含量因带壳而在谷类饲料中是较高的，为5%左右。粗蛋白质含量11%～14%，且品质较好。赖氨酸含量比玉米、高粱高1倍。

④ 高粱　高粱籽实能量水平因品种不同而不同，带壳少的高粱籽实能量含量与玉米相近，蛋白质含量略高于玉米，氨基酸组成与玉米相似，缺乏赖氨酸、甲硫氨酸、色氨酸和异亮氨酸。高粱含有单宁，有涩味、适口性差，单宁可以在体内与蛋白质结合，从而降低蛋白质和氨基酸的利用率，是影响高粱利用的主要因素。

⑤ 燕麦　整粒燕麦籽实的粗纤维含量较高，达8%左右。主要成分为淀粉，其含量为33%～43%，较其他谷实类少。含油脂较其他谷类高，约5.2%，脂肪主要分布于胚部，脂肪中40%～47%为亚麻油酸。燕麦籽实的粗蛋白质含量高达11.5%以上，与大麦含量相似，但赖氨酸含量低。B族维生素含量丰富，烟酸含量较低，脂溶性维生素及矿物质含量均较低。

（2）糠麸类饲料

① 小麦麸　小麦麸俗称麸皮，是以小麦为原料加工面粉时所形成的副产品。麸皮的质量相差很大，如生产的面粉质量要求高，麸皮的质量也相应较高。麸皮的消化能、代谢能较低，麸皮中B族维生素及维生素E含量较高，可以作为肉羊配合饲料中维生素的重要来源。

② 米糠及米糠饼粕　米糠是糙米（稻谷去壳）加工精米时分离出来的一种副产品，加工的精米越白，米糠的质量越好。米糠中粗脂肪含量高达16.5%，易被氧化发热，不易保存。经提油后利于保存，提油采取压榨法时，经过烘、炒、蒸煮、预压等工艺后，适口性和消化性都有所改善。

（3）块根块茎类饲料

块根块茎类饲料的特点是水分含量高，达70%～95%，松脆可口，易消化，干物质含量低，按干物质计，能量相当于玉米、高粱等。干物质中粗纤维含量低，为2.5%～3.5%，无氮浸出物含量很高，占干物质的65%～85%，多是宜消化的糖、淀粉等。蛋白质含量低，但生物学价值很高，而且蛋白质中的非蛋白氮占的比例较高，矿物质和B族维生素含量不足。一般缺钙、磷，富含钾。冬季在以秸秆、干草为主的肉羊日粮中添加块根块茎类饲料，能改善日粮适口性，提高饲料利用率。

① 甘薯　又称红薯、白薯、红苕、地瓜等。甘薯中粗蛋白质含量较低，占干物质的3.3%，粗纤维少，淀粉多，钙的含量特别低。甘薯怕冷，宜在13℃左右贮存。甘薯粉渣是甘薯制粉后的残渣。鲜粉渣含水分80%～85%，干燥粉渣含水分10%～15%。粉渣中的主要营养成分为可溶性无氮浸出物，容易被肉羊消化吸收。由于甘薯中含有很少的蛋白质和矿物质，故其粉渣中缺少蛋白质、钙、磷和其他矿物质。甘薯是肉羊的良好能量饲料，甘薯粉和其他蛋白质饲料配合制成颗粒饲料，应添加全面均衡的矿物质饲料。

甘薯易患黑斑病，患有黑斑病的甘薯，不宜作为羊饲料，因为这种霉菌产生一种苦味，不仅适口性差，还可导致羊发病。有黑斑病的甘薯及其制粉和酿酒的糟渣，有异味且含毒性酮，饲喂羊易导致气喘病，甚至死亡。

② 马铃薯　又称土豆。马铃薯含有70%～80%的无氮浸出物，其中大部分为淀粉，约占干物质的70%。风干的马铃薯中粗纤维含量为2%～3%，粗蛋白质含量8%～9%，非蛋白氮较多，约占蛋白质含量的一半。每千克中含消化能14.23兆焦左右。

马铃薯在块茎青绿色的皮上、芽眼与芽中含龙葵素，幼芽及未成熟的块茎和经日光照射变成绿色的块茎中含量较高，喂量过多可引起中毒。饲喂时要切除发芽部位并仔细选择，以防中毒。

马铃薯制粉后的副产品为马铃薯粉渣，粉渣中淀粉很丰富。干粉渣含蛋白质4.1%左右，含可溶性无氮浸出物约70%，羊可以很好地利用马铃薯的非蛋白氮和可溶性无氮浸出物，在日粮中用量应控制在20%以下。

③ 胡萝卜　按干物质计，胡萝卜中含无氮浸出物约47.5%，属能量饲料，但由于其鲜样中水分含量大，容积大，主要作为冬季羊的多汁饲料。每千克胡萝卜含胡萝卜素36毫克以上及0.09%的磷，高于一般多汁饲料。胡萝卜含铁量较高，颜色越深，胡萝卜素和铁含量越高。胡萝卜含有淀粉、蔗糖和果糖，多汁味甜。由于胡萝卜产量高、耐贮存、营养丰富，冬季青饲料缺乏时，在喂干草或秸秆类饲料比例较大的羊日粮中添加一些胡萝卜，可以改善日粮的适口性。

5.2.2　蛋白质饲料

蛋白质饲料是指饲料干物质中粗蛋白质含量在20%以上，粗纤维含量在18%以下的饲料。这类饲料通常在羊的饲养中，只作为补充料，因而称为蛋白质补充料。蛋白质饲料分为植物性蛋白质饲料和动物性蛋白质饲料，肉羊用的大多为植物性蛋白质饲料。蛋白质饲料还包括单细胞蛋白质饲料（如各种酵母饲料、蓝藻类等）和非蛋白氮饲料（如尿素、铵盐及磷酸脲等）。

① 大豆饼粕　是指大豆榨油产生的副产品。一般大豆不直接用作肉羊饲料，因豆类饲料中含抗营养物质——胰蛋白酶抑制剂，生喂时影响饲料的适口性和消化率，但通过110℃、3分钟的加热可以消除。榨油时未加热的或加热不足的豆粕在使用前也需加热处理，破坏其中的抗营养物质后才可饲喂。

大豆饼粕的粗蛋白质含量较高，为40%～44%，蛋白质品质好，必需氨基酸的比例好，尤其是赖氨酸含量可达2.5%～2.8%，是棉籽饼、菜籽饼及花生饼的2倍。甲硫氨酸含量不足，因而，在玉米-豆粕型日粮中需要添加甲硫氨酸，才能满足肉羊的营养需要。质量好的大豆饼粕色黄味香，适口性好，但在日粮中用量不宜超过20%。

② 菜籽饼粕　菜籽饼粕的原料是油菜籽。菜籽饼粕的粗蛋白质含量36%左右，矿物质和维生素含量比豆饼丰富，磷含量较高，硒含量比大豆饼粕高6倍，居饼粕之首。菜籽饼粕中的抗营养因子主要是硫代葡萄糖苷及其分解产物，这种物质分布于油菜籽的柔软组织中。此外，菜籽中还含有单宁、芥子碱、皂角苷等有害物质，味苦涩，影响适口性和利用率。这些物质在瘤胃中被分解，需限量饲喂，羔羊、妊娠母羊最好不喂。

饲用菜籽饼粕应掌握以下要点：①饼粕来源要清楚。最好采用浸提法生产的菜籽饼粕，蛋白质含量高，毒性成分少，严禁使用霉变饼粕。②控制用量，一般占肉羊日粮的2%～3%，幼羊、种羊不宜饲用。③与豆饼、棉籽饼合理搭配使用。

③ 棉籽饼粕　棉花籽实脱油后的饼粕，因加工条件不同，营养价值相差很大，主要影响因素是棉籽壳是否去掉。完全脱壳棉仁制成的饼粕，叫作棉仁饼粕，其粗蛋白质含量可达40%以上，与大豆饼不相上下。不脱壳棉籽制成的棉籽饼粕，粗蛋白质含量22%左右，在使用中应加以区分。

棉籽内含有棉酚。棉酚可引起畜禽中毒。瘤胃微生物可以分解棉酚，降低毒性，可作为肉羊良好的蛋白质饲料来源，是农区喂羊的好饲料。肉羊育肥饲料中，棉籽饼粕可用到50%。种羊如果长期过量使用则影响其种用性能。棉籽饼粕长期大量饲喂（日喂1千克以上）会引起中毒。羔羊日粮中棉籽饼粕用量不宜超过20%。棉籽饼粕常用的去毒方法为煮沸1～2小时，冷却后饲喂。

④ 向日葵饼粕　又叫葵花仁饼粕，是向日葵榨油后的副产品。向日葵饼粕的饲用价值视脱壳程度而定。我国的向日葵饼粕，一般脱壳不净，粗蛋白质含量为28%～32%，赖氨酸含量不足。向日葵仁饼粕与其他饼粕类饲料配合使用效果较好。向日葵的适口性好，是羊的优质蛋白质饲料，与棉籽饼粕有同等价值。

⑤ 花生仁饼粕　花生的品种很多，脱油方法不同，因而花生饼粕的性质和营养成分也不相同。花生仁饼粕营养价值高，含饼粕类饲料中可利用能量水平最高的粗蛋白质，

含量高达44%。花生仁饼粕适口性极好，有香味，所有动物都爱吃。但花生仁饼粕易染上黄曲霉，花生的含水量在9%以上，温度30℃、相对湿度80%时，黄曲霉即可繁殖，引起中毒，因此花生仁饼粕贮存时间不宜过长。

瘤胃微生物有分解毒素的功能，因此羊对黄曲霉毒素不很敏感。感染黄曲霉毒素的花生仁饼粕，可用氨处理去毒。花生仁饼粕在瘤胃中的降解速度很快，羊只采食后几小时85%以上的干物质即被降解，因此不适合作为羊唯一的蛋白质饲料原料。花生仁饼粕可用于羔羊的开食料。

⑥ 芝麻饼粕　芝麻饼粕不含抗营养物质，粗蛋白质含量可达40%，甲硫氨酸含量是大豆粕、棉仁粕含量的2倍，比菜籽粕、向日葵粕约高1/3，是所有植物性饲料中甲硫氨酸含量最多的饲料。赖氨酸含量不足，配料时应予以注意。可用于羔羊和育肥羊日粮，可使羊被毛光泽好。但用量过多，可引起体脂软化，在生产中应注意搭配使用。

⑦ 亚麻籽饼粕　亚麻俗称胡麻，亚麻籽脱油后的残渣即为亚麻籽饼粕。亚麻籽饼粕代谢能较低，脂肪含量高，在贮藏过程中容易变质，不利保存。经过高温高压榨油的亚麻籽饼粕容易引起蛋白质褐变，降低其利用率。亚麻籽饼粕含粗蛋白质30%～34%，适口性差，赖氨酸含量不足。亚麻籽饼粕有促进胃肠蠕动的功能。羔羊、成年羊及种用羊均可饲用，并且表现出皮毛光滑、润泽。亚麻籽饼粕用量应占肉羊日粮的10%以下。每日采食量在500克以上，羊有腹泻倾向。

⑧ 非蛋白氮物质　严格地讲，非蛋白氮不是蛋白质饲料，但由于它能被肉羊瘤胃中的微生物用来合成菌体蛋白，微生物又被肉羊的真胃（皱胃）和肠道消化，所以肉羊能间接利用非蛋白氮，可以在肉羊饲料中适当添加非蛋白氮，以替代部分蛋白质饲料。在肉羊生产中，常用的非蛋白氮物质有尿素、磷酸脲、缩二脲、异丁叉二脲和铵盐。

5.2.3　常用粗饲料

粗饲料指干物质中粗纤维含量在18%以上的饲料，主要包括青干草、农副产品类（秸秆、秕壳）、树叶、糟渣类等。羊日粮中的粗饲料含量占60%～70%。饲喂时禾本科干草应与豆科干草配合使用，有条件的再配合青绿饲料更好。饲喂前应除去杂质、泥土及霉变物，要经过铡短、揉碎或氨化、碱化、发酵等处理。豆科作物的粗蛋白质含量稍高，例如苜蓿营养价值较高，适宜调制干草。而秸秆、秕壳、树枝和树叶等粗饲料中粗纤维含量较高，适口性差，在饲喂时要限制其用量。

粗饲料是牛羊反刍动物不可缺少的日粮成分，在维持反刍动物生理健康和良好生产性能等方面发挥着不可替代的作用。

① 青干草　包括豆科干草（苜蓿、红豆草、毛苕子等）、禾本科干草（狗尾草、羊草等）和野干草（野生杂草晒制而成）。优质青干草含有较多的蛋白质、胡萝卜素、维生素D、维生素E及矿物质。青干草粗纤维含量一般为20%～30%，所含能量为玉米的30%～50%。豆科干草蛋白质、钙、胡萝卜素含量较高，粗蛋白质含量一般为

12% ～ 20%，钙含量1.2% ～ 1.9%。禾本科干草碳水化合物含量较高，粗蛋白质含量一般为7% ～ 10%，钙含量0.4%左右。野干草的营养价值较以上两种干草要差些。青干草的营养价值取决于制作原料的植物种类、生长阶段与调制技术。禾本科牧草在孕穗期或抽穗期收割，豆科牧草应在结蕾期或开花初期收割，晒制干草时应防止暴晒和雨淋。最好采用阴干法。

② 农作物秸秆　即各种农作物收获籽实后剩余的茎秆和叶片。秸秆的粗纤维含量一般为25% ～ 50%，蛋白质含量低，为3% ～ 6%，除维生素D之外，其他维生素均缺乏，矿物质钾含量高，钙、磷缺乏。秸秆的适口性差，木质素含量高消化率低，为提高秸秆的利用率，喂前应进行切短、氨化、碱化处理。

③ 秕壳　包括籽实脱粒时分离出的颖壳、荚皮、外皮等，如麦糠、谷糠、豆荚、棉籽皮等，与秸秆相比，蛋白质多，粗纤维少，总营养价值高。一般来说，荚壳的营养价值略好于同作物的秸秆，但稻壳和花生壳例外。

④ 糟渣类　此类饲料主要包括白酒糟、啤酒糟、酱醋糟、淀粉渣、豆渣、糖渣及果渣等，是食品工业和发酵工业的主要副产品。

5.2.4　主要饲料添加剂

饲料添加剂是指在饲料生产加工、使用过程中添加的少量或微量物质，在饲料中用量很少但作用显著。饲料添加剂是现代饲料工业必然使用的原料，对强化基础饲料营养价值、提高动物生产性能、保证动物健康、节省饲料成本、改善畜产品品质等有明显的效果。饲料添加剂不仅可以补充饲料营养成分，而且能够促进饲料所含成分的有效利用，同时还能防止饲料品质下降。

肉羊饲料添加剂可分为以下两大类。

（1）营养性添加剂

主要有非蛋白氮添加剂、氨基酸剂、矿物质微量元素添加剂以及维生素添加剂等。其主要作用是补充或平衡必需的营养，维持正常的生理活动等。

（2）非营养性添加剂

这类添加剂本身并不具有营养价值，但能增进机体健康，促使机体代谢和生长发育；或参与消化和神经调控；或改善饲料及产品质量；或提高产品产量等。具体又分为以下几类。

① 保健助长添加剂　主要有驱虫类添加剂、中草药添加剂、酶制剂和微生物制剂等添加剂。

② 生理调控添加剂　包括瘤胃代谢控制剂、缓冲剂和有机酸添加剂等。

③ 改善饲料质量添加剂　主要包括抗氧化剂、防霉防腐剂、青贮饲料添加剂、粗饲料调制添加剂及调味剂等。用于保护、改善饲料品质，增进食欲，提高饲料利用率等。

④ 抗应激添加剂　主要用于机体的抗应激反应，增强对环境改变的适应能力。主要

包括矿物质类、脂肪类、糖类、维生素类、有机酸类和中草药类等。矿物质类主要有碳酸氢钠（小苏打）、氯化钾及氯化铵等；脂肪类主要有2.6%过瘤胃脂肪和1.3%过瘤胃脂肪；维生素类主要包括维生素C、维生素E及烟酸等；有机酸类主要有柠檬酸、延胡索酸等；中草药类如柴胡、石膏、黄连、紫草及菊花等均具有缓解热应激的作用等。

5.3 饲草料加工与调制

5.3.1 精饲料的加工利用

肉羊的精饲料主要包括能量饲料和蛋白质饲料。鉴于羊的反刍生理特点，目前在肉羊配合饲料中使用的原料主要有玉米、高粱、豆饼（粕）、菜籽粕、棉籽粕、小麦麸。其中玉米、高粱主要提供能量，其他物质主要提供蛋白质。为提高其利用率，饲喂前须进行加工，下面对其加工利用进行简单介绍。

（1）能量饲料的加工

能量饲料干物质的70%～80%是由淀粉组成，粗纤维含量较低，是适口性比较好的饲料。常用加工方法有以下几种。

① 粉碎和压扁　粉碎是使用最广泛、最简便的方法，即用机械的方法破坏细胞的物理结构，使被外皮或壳所包裹的营养物质暴露出来，提高其利用率。如对玉米、高粱、小麦、大麦等进行粉碎，可以增加其表面积，使之与消化液接触更充分，这样消化更完全彻底。但是，饲料粉碎的粒度不应太小，否则易影响羊的反刍，造成其消化不良。一般要求将饲料粉碎成1/2或1/4的颗粒即可。在湿、软状态下，能量饲料也可以压扁后直接喂羊，同样可以达到粉碎的饲喂效果。

② 水浸　一般用少量水将饲料拌湿后放置一段时间，待水分完全渗透、饲料表面没有游离水时，即可饲喂。

③ 液体培养（发芽）　液体培养是将饲料浸泡后使之发芽，以增加某些营养物质的含量，提高饲喂效果。谷物饲料发芽后，可生成一些氨基酸、糖分、维生素与酶，增加纤维素含量。如大麦发芽前几乎不含胡萝卜素，浸泡发芽后胡萝卜素的含量可达93～100毫克/千克，核黄素含量提高10倍，甲硫氨酸的含量提高2倍，赖氨酸的含量提高3倍。一般将液体培养的饲料添加到营养匮乏的日粮中，饲喂效果很好。

（2）蛋白质饲料的加工

蛋白质饲料不仅具有能量饲料的一些特性，如低纤维、能量较高、适口性好等，而且蛋白质含量高。不同种类的蛋白质饲料加工方法不一样，现主要介绍植物性蛋白质饲料豆类和饼粕类的加工方法。

① 豆类的加工 豆类饲料中含有一种叫作抗胰蛋白酶的物质，这种物质在羊的消化道内与胰蛋白酶作用，破坏了胰蛋白酶的分子结构，使酶失去生物活性，从而影响营养物质消化吸收。这种抗胰蛋白酶在遇热时就会变性而失去活性，因此生产中常用蒸煮和焙炒的方法加工豆类。

熟豆饼粕经粉碎后可按一定比例直接添加到日粮中饲喂。豆饼粕粉碎的粒度应比玉米细，以便配合饲料和防止羊挑食。

② 棉籽饼的加工 棉籽饼含有丰富的可消化粗蛋白质、必需氨基酸，还含有较多的可消化糖类，是能量和蛋白质含量都较高的蛋白质饲料。但是棉籽饼中含有较多的粗纤维，还有一定量的有毒物质棉酚，所以饲喂前一定要进行脱毒处理，常用的处理方法有水煮法和硫酸亚铁溶液浸泡法。

③ 菜籽饼的加工 菜籽饼受两个不利因素影响：一是菜籽饼味苦，适口性较差；二是菜籽饼含有硫代葡萄糖苷，这种物质在酶的作用下裂解生成噁唑烷硫酮、异硫氰酸酯、芥子苷等多种有毒物质，饲喂和处理不当就会发生饲料中毒。菜籽饼的脱毒处理方法有土埋法、氨碱处理法、水浸煮消毒法和铁盐法。土埋法是将菜籽饼粕粉碎成面，按 1：1加水拌匀，置于土坑内，盖土封严，2 个月后即可启用，脱毒率可达89%以上，而蛋白质损失率只有3%～8%，能使残毒量降到允许标准。氨碱处理法是每100份菜籽饼用浓氨水（含氨28%）5份或用纯碱粉3.5份，加适量清水稀释后，均匀喷洒在粉碎的菜籽饼粉中，先用塑料纸覆盖堆放3～5小时后，再置于蒸笼中蒸40～50分钟，即可使用。水浸煮消毒法是用热水将粉碎的菜籽饼浸泡12～24小时，然后滤出其中水分，再加水煮沸1～2小时，边煮边搅拌。铁盐法是将菜籽饼粉碎，按饼重的0.5%～1%称取硫酸亚铁，溶于饼重1/2的水中，待硫酸亚铁充分溶解后，将饼拌湿，存放1小时，在106℃下蒸30分钟，取出风干。

5.3.2　粗饲料的加工调制

粗饲料经过加工调制，能改善原来的理化性质，增强适口性，消除饲料中有害有毒的物质，提高消化率。其也能降低饲养成本，提高养羊经济效益。粗饲料加工调制的方法多种多样，下面简要介绍常见的6种方法，供大家参考与选用。

（1）切短和粉碎

俗话说："寸草铡三刀，无料也上膘"，干草、秸秆、鲜草等粗饲料经过切断或弄碎处理，加以调制后绵羊、山羊更爱吃，也更容易消化。切断后的长度一般为秸秆2厘米，鲜草和干草也切成这样的长度，根菜类则在洗净后切成片状或丝状。

（2）浸泡

在饲喂前将切碎的秸秆和麦壳用水浸泡，可防止麦芒扎嘴和羊挑食，增强羊的适口性，饲料中如含有有毒物质，用清水或淡盐水浸泡一定时间，还可将其有毒物质浸出。

一般来说，碎麦草和麦壳浸泡 2 小时左右，即可饲喂牲畜。

（3）秸秆的碱化处理

用碱性化合物对玉米秸秆进行碱化处理，可以打开其细胞分子中对碱不稳定的酯键，并使纤维膨胀，这样就便于牲畜摄入后胃液渗入秸秆中，提高了家畜对饲料的消化率和采食量。碱化处理主要是指用氢氧化钠、氢氧化钙、过氧化氢等碱性物质进行处理的技术。以来源广、价格低的石灰处理为例，100 升水加 1 千克生石灰，不断搅拌待其澄清后，取上清液，按溶液与饲料 1：3 的比例在缸中搅拌均匀后稍压实。

（4）秸秆的氨化处理

秸秆氨化是在密闭的条件下，在稻、麦、玉米等秸秆中加入一定比例的液氨或尿素进行处理的方法。秸秆氨化是较为经济、简便而又实用的秸秆饲料化处理技术之一。秸秆氨化能改善饲料的品质，提高采食率和消化率；提高秸秆营养水平，改善饲料报酬率；提高养殖效益，增加收入。

（5）青干草的晒制

采用的方法是把刈割后的青草摊在地面晾晒，当水分迅速下降到 50%～55% 时，将青草耙成长条或小堆，以减少曝晒面积。当水分减少到 20%～25% 时，把晒蔫的草再堆成大堆，让其继续干燥，但不宜晒得太干。当水分减少到 15% 左右，即可贮藏。晒好的优质干草应具有芳香气味，呈鲜绿色或浅绿色，保持较多叶片，质地柔软。

（6）青贮

青贮是将含水量为 55%～65%、含糖量不低于 1.0%～1.5% 的青绿饲料原料在适当的时期收获（禾本科为乳熟 - 蜡熟期；豆科为孕蕾和始花期），并经切短（1.5～2 厘米）、混匀（茎、叶）、夯实、封窖等工序后，使混于原料中的天然乳酸杆菌在无氧的条件下生长繁殖，产生大量的乳酸（pH≤4.2），抑制和杀灭原料中的腐生菌和霉菌，防止饲料发霉、变质，从而达到保存营养成分的目的。用青贮方法将秋收后尚保持青绿或部分青绿的玉米秸秆较长期保存下来，可以很好地保存其养分，而且质地柔软，具有香味，能增进牛、羊食欲，解决冬春季节饲草的不足。

5.3.3 青贮饲料

（1）青贮饲料的优点

饲料不足是制约畜牧业发展的主要因素。解决这一问题的出路就在于充分利用农作物秸秆，推广青贮饲料，调整畜牧业结构，大力饲养以牛羊为主的草食家畜，发展节粮型畜牧业。在肉羊生产上大力推广青贮饲料主要有以下优点。

① 青贮饲料可保持青绿多汁饲料的营养，是肉羊冬春季维生素、矿物质及能量的重要来源。一般调制的干草，蛋白质和其它干物质损失 20%～30%，而优质青贮饲料一般

只损失10%左右，并能够大量保存胡萝卜素。

② 青贮饲料可改善饲草品质，如收完种子的玉米秸秆青贮料粗纤维含量比干秸秆低2.29% ～ 5.95%，而粗蛋白质含量比干秸秆高0.82% ～ 1.09%。

③ 青贮饲料可以提高家畜的繁殖力、泌乳力和促进生长发育，对羊是一种好饲料。

④ 青贮饲料在密封状态下，如不开启，可贮存多年不坏。在冬春季节，气候寒冷，青绿饲料生产受到限制，而青贮料是提供青绿饲料最便宜的方式，亦是干旱年份饲料短缺时的理想贮备饲料。

⑤ 制作青贮饲料可充分利用青粗饲料资源，其原料来源广，成本低，一些无毒的新鲜植物茎叶、秸秆、块根、块茎均可调制优良的青贮饲料，种类之多，数量之大，可谓取之不尽。

⑥ 青贮饲料在微生物发酵过程中产生乳酸、醋酸、琥珀酸及醇类，具有酒酸香味，适口性好，且易消化吸收，并有轻泻作用。有些植物，如马铃薯、菊芋、向日葵花盘、蒿属类等晒干后，气味特殊，质地粗硬，家畜一般不爱吃，而经青贮发酵后，适口性大为提高，味酸香、质地柔软，成为家畜所喜食的优良饲料。

⑦ 调制青贮饲料受天气影响较小，在阴雨季节，晒制干草困难，而青贮从收割至贮藏的时间比调制干草的时间短，从而减少了天气对其损害的危险。

⑧ 青贮饲料单位容积贮量大，与干草比较需要较少的贮藏空间，1 立方米青贮料的重量为450 ～ 700 千克，其中干物质150 千克，而1 立方米干草的重量仅50 ～ 70千克（干物质60千克左右）。1吨青贮苜蓿占体积1.25立方米，而1 吨苜蓿干草则占13.3 ～ 15.5立方米。而且青贮过程中不受风吹、雨淋、日晒等影响，亦不易发生火灾事故。

⑨ 青绿多汁饲料经青贮发酵后，可使其中所含病菌、虫卵和杂草种子失去活力，减少对农田的危害和感染。如玉米茎叶的青贮是防治玉米钻心虫的最好方法之一。

（2）青贮饲料的制作步骤

为了制成品质优良的青贮饲料，必须尽量缩短由原料收割至装窖的时间，要做到"六随三要"，即随割、随运、随铡、随装、随踩、随封，连续进行，尽快完成；青贮的原料要切碎，装填要踩实，窖顶及四周要封严。

① 刈割和运输　根据植物营养物质的最佳利用时期，掌握好青贮原料适宜的收割时间。青贮玉米在乳熟期收割，禾本科牧草在抽穗期收割，豆科牧草在开花初期收割，割倒的青贮原料要及时运输，以便及时装填。

② 切碎或铡短　将青贮原料切碎或铡短，不仅有利于踩实排出空气，而且也便于原料中的汁液流出，为乳酸菌所利用。切碎时要根据饲草的种类正确掌握切碎长度。通常禾本科牧草及一些豆科牧草（苜蓿、三叶草等）茎秆柔软，切碎长度应为3 ～ 4厘米。沙打旺、红豆草茎秆等较粗硬的牧草，切碎长度应为1 ～ 2厘米。

③ 装窖和填压　装窖时，通常装一层厚30 ～ 50厘米的原料，立即用链轨拖拉机反

复压实，然后再装一层，直至装满。装贮时要注意青贮设施的四周及拐角，边填边踩实（图5-5）。贮窖的顶部必须高出窖的边缘，并成圆形，以防雨水流入窖内，引起贮料发霉变质。在装贮过程中，如果原料偏干（含水量在65%以下），还应适当洒水。禾本科与豆科饲料混贮时，要注意掺和均匀。踩实是青贮料成败的关键，踩实后有利于排出空气，为乳酸菌创造厌氧环境。

图5-5　装窖和填压（江喜春　提供）

④ 封窖和排水　封窖有两种方法：一种是用塑料薄膜封顶，即用双层无毒塑料薄膜覆盖窖顶，四周压严，上部压以整捆稻草或其他重物即可（图5-6）。另一种是用土封顶，即在饲料上覆盖10厘米厚的干草（压实后的厚度），再压0.5～1米厚的土。不论哪种方法，一定要踩紧压实，以达到密封的要求，这是调制优良青贮饲料最关键的一环。封顶后1周以内，要经常查看窖顶变化，发现裂缝或凹坑，应及时处理。当原料不再下沉后，可在离青贮窖1米远处挖10～15厘米深的排水沟，防止进水或渗水。

图5-6　封窖（江喜春　提供）

（3）影响青贮饲料质量的关键因素

青贮成败的关键在于能够创造一定条件，保证乳酸菌的迅速繁殖。乳酸菌的大量繁殖，必须具备四个条件：一是青贮原料有一定的含糖量，玉米秸秆和禾本科牧草为易青贮原料；二是青贮原料含水率适度，以60%～70%为宜；三是迅速建立无氧环境，原料装填要迅速，压实封严，排出空气；四是温度适宜，一般以19～37℃为宜。

保证青贮饲料质量的关键是青贮窖不漏气。制作青贮饲料时，先要选好建窖的地址，要求地势高燥、土质坚实、地下水位离地面深、四周不积水、排水方便、周围无污染物，切忌在低洼处或树阴下建窖。制作时要将青贮原料铡成2～4厘米的短节，边铡边填入窖中，边压实。须注意：①填窖速度要快，尽量在2天内完成；②所填原料应高出窖面0.6～1米，此时即可在上面盖上塑料薄膜，随即覆土密封踩实，覆土厚度为0.5～1米，窖顶做成隆起的凸圆顶，窖四周挖排水沟；③对青贮窖要经常检查，发现下沉、裂缝应及时加土填实；④青贮饲料做好1.5个月，就可开始取用。圆形青贮窖取用时，清除全部覆盖物及上层发酵的青贮料等，由上而下分层取用，保持平面平整，每天取后及时覆盖草帘或席片，防止二次发酵；育贮壕取用时，由一端除去覆盖物逐段开壕，每段从上到下，分层取草。切勿全面打开，防止暴晒、雨淋、结冰，严禁掏洞取草。

（4）青贮饲料品质的判断

① 感官鉴定　根据色、香、味和质地来判断。优等青贮料呈绿色或黄绿色，有光泽；芳香味重，给人以舒适感；质地松柔，湿润不粘手，茎叶花能分辨清楚。中等青贮料呈黄褐色或暗绿色；有刺鼻醋酸味，芳香味淡；质地柔软、水分多，茎叶花能分清。低等青贮料呈黑色或褐色；有刺鼻的腐败味、霉味；腐烂、发黏或结块，分不清结构。劣质青贮饲料不要喂用，以防引发消化道疾病。

② 实验室鉴定　是用pH试纸（或pH仪）测定青贮饲料的酸碱度，pH在3.8～4.2为优质，pH在4.2～4.6为中等，pH越高，青贮饲料质量越差。测定有关酸类含量也可判定青贮饲料品质，在品质优良的青贮饲料里，含游离酸2%，其中乳酸占1/2，醋酸占1/3，不含酪酸。

5.4　肉羊的日粮配制技术

5.4.1　全混合日粮概念及其推广意义

全混合日粮，是根据反刍动物不同生理阶段的营养需要，如粗蛋白质、能量、粗纤维、矿物质和维生素等，用特制的搅拌机将揉碎的粗饲料、精料和各种添加剂进行充分混合而得到的营养平衡的全价日粮，主要有全混合日粮湿料、全混合日粮颗粒料、全混合日粮裹包发酵料等料型。

全混合日粮以其独具的应用优势，越来越受到国内饲养场的欢迎，获得了很好的经济效益，具体表现在以下方面。①全混合日粮的应用有利于开发各种饲料资源，如玉米秸秆、尿素、各种饼粕类等，将这些廉价的原料同青贮饲料、糟渣饲料及精料充分混合后，掩盖不良气味，提高适口性。还可以充分利用那些难以单独饲喂的饲料或是饲喂量小的饲料。②全混合日粮和传统饲养方式相比，虽然增加了一定的饲料加工成本，但由于利用廉价饲料来代替部分价格高的饲料，而使得饲料成本降低。③全混合日粮使用可保证日粮营养全价，提高粗饲料利用率，每天能够提供稳定的日粮。对于个体大、增重快的动物增加喂量便可保证其营养需要，简化了频繁调整日粮的工作。

5.4.2 与饲料配制有关的几个概念

日粮是指一只羊一昼夜（24小时）采食的能满足各种营养物质需求的各种饲料的总量。

饲料配方是指配合饲料中各种原料以最优组合来满足羊营养需求的组成和比例。饲料配方一般分为两种：以当地所产饲料为基础的地区性典型饲料配方和高效专用饲料配方。

配合饲料是根据羊的不同生产目的、不同生长发育阶段的不同营养需要，并以近代营养科学原理作指导，由多种饲料按比例配合而成的饲料。其特点是配方科学，营养全面，饲料报酬高，可以直接饲喂，节省劳动力，节省燃料，降低饲养成本，有利于集约化、专业化经营。

配合饲料按营养成分和用途分类：全价配合饲料、浓缩饲料、精料补充料、添加剂预混料、超级浓缩料、混合饲料、人工乳或代乳料等。

5.4.3 设计饲料配方

常用试差法，具体步骤如下。

第一步：确定每日每只羊的营养需要量。根据羊群的平均体重、生理状况及外界环境等，查出各种营养需要量。

第二步：确定各类粗饲料的喂量。根据当地粗饲料的来源、品质及价格，最大限度地选用粗饲料。一般粗饲料的干物质采食量占体重的2%～3%，其中青绿饲料和青贮饲料可按3千克折合1千克青干草和干秸秆计算。

第三步：计算应由精料提供的养分量。每日的总营养需要与粗饲料所提供的养分之差，即是精料部分提供的养分量。

第四步：确定混合精料的配方及数量。

第五步：确定日粮配方。在完成粗、精饲料所提供养分及数量计算后，将所有饲料提供的各种养分进行汇总，如果实际提供量与其需要量相差在±5%范围内，说明配方合理。如果超出此范围，应适当调整个别精料的用量，以便充分满足各种养分需要而又不致造成浪费。

5.4.4 肉羊饲料配方设计实例

现有一批4月龄、活重30千克早熟品种羔羊进行育肥，计划日增重300克，羊场现有苜蓿干草（成熟期）、羊草、青贮玉米（成熟期）、玉米、大豆粕、棉籽饼6种饲料原料，配制日粮。日粮配制的步骤如下。

① 参照中华人民共和国农业行业标准《肉羊营养需要量》（NY/T 816—2021）中的"表3 肉用绵羊生长育肥母羊干物质、能量、蛋白质、中性洗涤纤维、钙和磷需要量"，查出30千克体重、日增重为300克，4月龄早熟品种绵羊羔羊的营养需要量：每天每只需干物质1.03千克、净能7.1兆焦、粗蛋白质144克、钙10.2克、磷5.6克。

② 查阅中国饲料数据库中的中国饲料成分及营养价值表（2021年第32版），列出6种饲料原料营养成分，见表5-1。

表5-1 羊场6种饲料原料营养成分（干物质基础）

项目	干物质 /%	净能 /（兆焦 / 千克）	粗蛋白质 /%	钙 /%	磷 /%
苜蓿干草（成熟期）	88	4.52	13	1.18	0.19
羊草	91	4.52	7	0.4	0.15
青贮玉米（成熟期）	34	6.82	8	0.28	0.23
玉米	86	14.27	8.7	0.02	0.05
大豆粕	89	14.27	44.2	0.33	0.16
棉籽饼	88	13.22	36.3	0.21	0.21

注：1. 玉米、大豆粕、棉籽饼净能使用羊的消化能；
2. 苜蓿干草（成熟期）、羊草、青贮玉米（成熟期）净能使用泌乳净能。

③ 以粗饲料：精饲料=6：4计，计算羊的粗饲料干物质采食量。经计算，30千克体重的羊需粗饲料干物质为1.03×60%=0.62（千克），按干物质基础计，设苜蓿干草、羊草、青贮玉米的比例为1：2：1，由此计算出粗饲料提供的养分量，见表5-2。

表5-2 粗饲料提供的养分量

粗饲料	干物质 /（千克 / 天）	净能 /（兆焦 / 天）	粗蛋白质 /（克 / 天）	钙 /（克 / 天）	磷 /（克 / 天）
苜蓿干草（成熟期）	0.16	0.72	20.8	1.89	0.30
羊草	0.3	1.36	21	1.2	0.45
青贮玉米（成熟期）	0.16	1.09	12.8	0.45	0.37
合计	0.62	3.17	54.6	3.54	1.12
标准需要量	1.03	7.1	144	10.2	5.6
与标准比较	−0.41	−3.93	−89.4	−6.66	−4.48

④ 选用精饲料。粗饲料提供的营养与营养需要标准比较相差的部分，由精料来满足，则精饲料干物质采食量为0.41千克。现有玉米、大豆粕和棉籽饼3种精饲料原料，调配三者的比例以补充其所缺少的净能和粗蛋白质。根据经验，设玉米、大豆粕、棉籽饼的比例为7∶2∶1。精饲料原料选用与配合见表5-3。

表5-3　精饲料选用与配合

精饲料	干物质/(千克/天)	净能/(兆焦/天)	粗蛋白质/(克/天)	钙/(克/天)	磷/(克/天)
玉米	0.29	4.14	25.23	0.058	0.145
大豆粕	0.08	1.14	35.36	0.264	0.128
棉籽饼	0.04	0.53	14.52	0.084	0.084
合计	0.41	5.81	75.11	0.41	0.36

⑤ 日粮试配。计算粗饲料和精饲料共含养分量，与营养需要标准相比较。日粮试配结果见表5-4。

表5-4　日粮试配结果

饲料	干物质/(千克/天)	净能/(兆焦/天)	粗蛋白质/(克/天)	钙/(克/天)	磷/(克/天)
粗饲料	0.62	3.17	54.6	3.54	1.12
精饲料	0.41	5.81	75.11	0.41	0.36
合计	1.03	8.98	129.71	3.95	1.48
与标准比较	0	+1.88	−14.29	−6.25	−4.12

⑥ 微调配方。由表5-4看出，上述饲料所组成的日粮，净能偏高，粗蛋白质偏低，可以增加精饲料中大豆粕干物质0.038千克，减少精饲料中玉米干物质0.038千克，保持干物质的采食量不变。经调整后的日粮能满足育肥羔羊对净能、粗蛋白质的需要，调整后的结果见表5-5。

表5-5　调整后的饲料质量与营养成分

饲料		干物质/(千克/天)	净能/(兆焦/天)	粗蛋白质/(克/天)	钙/(克/天)	磷/(克/天)
大豆粕	调整前	0.08	1.14	35.36	0.264	0.128
	调整后	0.118	1.68	52.16	0.389	0.189
	增量	0.038	0.54	16.8	0.125	0.061
玉米	调整前	0.29	4.14	25.23	0.058	0.145
	调整后	0.252	3.60	21.92	0.0504	0.126
	增量	−0.038	−0.54	−3.31	−0.0076	−0.019
总的增量		0	0	13.49	0.12	0.042

⑦ 日粮调整结果与分析。表5-6中可以看出，矿物质元素钙、磷与标准比较，每天还缺少6.13克、4.03克。同时，羊的日粮中还需要补充铁、铜、锰、硒等矿物质元素和

维生素A、维生素D、维生素E等维生素。因此，羊场在实际配料中，还应通过添加育肥羊的复合预混料、磷酸氢钙来补充维生素和矿物质元素。

表5-6　日粮营养成分调整结果

饲料	干物质/(千克/天)	净能/(兆焦/天)	粗蛋白质/(克/天)	钙/(克/天)	磷/(克/天)
粗饲料	0.62	3.17	54.6	3.54	1.12
精饲料	0.41	5.81	88.6	0.53	0.402
合计	1.03	8.98	143.2	4.07	1.522
与标准比较	0	+1.88	−0.8	−6.13	−4.08

⑧ 总结。活重30千克、日增重300克的育肥羔羊日粮组成及主要养分含量见表5-7。由于之前是采用干物质进行配制的，而在实际饲喂时，应将各种饲料的干物质喂量换算成饲喂状态时的风干物质喂量（干物质喂量/干物质含量）。为进一步提高育肥的效果，根据当地的实际情况，有针对性地另外添加一些促生长的绿色添加剂即可。

表5-7　育肥羔羊的日粮组成

饲料	玉米	大豆粕	棉籽饼	苜蓿干草（成熟期）	羊草	青贮玉米（成熟期）
干物质喂量/(克/天)	252	118	40	160	300	160
风干物质喂量/(克/天)	293	133	45	182	330	471

5.5　羊场饲草料计划的制订与实施

5.5.1　羊场饲草料计划的制订

羊场对饲草的需要量，取决于养羊的类型和数量，因此在编制饲草需要计划时，首先要根据该场所养羊群类型、现有数量及配种和产羔计划编制羊群周转计划（表5-8），然后再根据羊群周转计划，计算出每个月所养各类羊的数量，羊群周转计划的期限为一年，一般在年底制订下一年计划。

表5-8　羊群周转计划

组别	年末存栏量	增加			减少				下年各月及年终存栏数
		出生	购入	转入	转出	出售	淘汰	死亡	
繁殖母羊									
育成羊									
羔羊									
育肥羊									
种公羊									

在确定羊的饲草需要量时（表5-9），不同类型、不同年龄、不同性别的羊要分别考虑。羊每天所需饲草的数量可以根据饲养标准和实践经验来确定，然后按照下式来计算饲草需要量：饲草需要量=平均日定量×饲养日数×平均头数，其中平均头数=全年饲养总头数/365。根据此公式，就可以计算出每个月对各种饲草的需要量。也可以根据营养需要来计算，羊的类型不同，同类羊生理阶段不同及生产目的不同，对营养的需求也不同，根据羊的种类、生产类型、饲养头数、饲养日数及每日需要的营养物质，通过饲养标准可以计算出全群羊只对各种营养物质如能量、蛋白质、矿物质等的需要量，然后再利用饲料营养成分表，分别计算出羊需要什么样的饲草，需要多少才能满足营养物质需要。

表5-9　饲草需要量计划

组别	平均头数	日需要量				月需要量				年需要量			
		干草	青贮饲料	精料	其它	干草	青贮饲料	精料	其它	干草	青贮饲料	精料	其它
繁殖母羊													
育成羊													
羔羊													
育肥羊													
种公羊													
合计													

5.5.2　羊场饲草料的供应计划

饲草供应计划是根据饲草需要计划和当地饲草来源特点制订的。首先在饲草需要计划的基础上，根据当地自然条件、饲草资源、饲养方式等因素，采用放牧、加工调制、贮藏、购买等措施，广辟饲草来源，保证充足的饲草储备，以满足羊的需求。

在制订供应计划时，首先要检查羊场现有饲草的数量，即库存的青、粗、精饲料的数量，知晓计划年度内专用饲草地能收获多少及收获日期，有放牧地时还要估计计划年度内草地能提供多少饲草及利用时期，然后将所有能采收到的饲草数量及收获期进行记录统计，再和需要量做一对比，就可以知道各个时期饲草的余缺情况，不足部分要做出生产安排，以保证供应。

5.5.3　羊场饲草料全年均衡供应计划

饲草料的平衡供应计划是指做好生产安排，使饲草料供应与需要相一致，做到一年四季均衡地供应饲草料。

做到饲草料的平衡供应首先要保证量的平衡，也就是饲草料的供应数量要和需要量相平衡，为此要编制饲草料平衡供应表（表5-10），对余缺情况做出适当调整，求得饲草料生产与需要之间的平衡。

表5-10　饲草料平衡供应计划

月份	需要量			供应量			余缺			处理方法
	青	粗	精	青	粗	精	青	粗	精	
1										
2										
3										
4										
5										
6										
7										
8										
9										
10										
11										
12										
合计										

饲草平衡供应其次要做到质的平衡，即要做到供应的饲草应满足羊的营养需要。为此要保证供应的青、粗、精饲料要合理搭配，种类要做到多样化，使供应的各类饲草养分间达到平衡，满足羊对营养物质的需求。

为了保证饲草的平衡供应，必须要建立稳固的饲草基地，除了羊场进行种植生产之外，也要和周边农户建立稳定的合作关系，保证饲草的种植面积。要进行集约化经营，通过轮作、间作、套作、复种，以及采用先进的农业技术措施，大幅度提高单产。通过饲草的青贮、氨化，干草的加工调制及块根、块茎类饲料的贮藏，解决饲草供应的季节不平衡性。要大力发展季节性养羊业，充分利用夏秋季节牧草生长旺盛、羔羊生长速度快、消化机能强的特点，实行羔羊当年育肥出栏，以解决冬春饲草供应不足的矛盾。实行异地育肥，建立牧区繁殖、农区育肥生产体系，广大牧区由于饲草供应不足，导致育肥羊生长速度慢、肉质差、效益低，同时也加重了草地压力；而饲草资源丰富的农区有大量的秸秆资源尚未得到合理利用，每年将牧区断奶羔羊输送到农区进行异地育肥，既可减轻牧区草地压力，改善当地饲草供应状况，又可充分利用农区饲草资源，从而建立起良好的草畜平衡生产体系。

在制订饲草生产计划时，为了防止意外事故的发生，通常要求实际供应的数量比需要量多出一部分，一般精料多5%，粗饲料多10%，青贮饲料多15%，此即保险系数。在种植计划中，一般要保留10%的机动面积，以保证饲草的充足供应。

第6章

羊场日常生产管理技术

6.1　消毒

消毒是为了清除或杀灭外界环境中、羊体表面及物体上的病原微生物，它是通过切断传播途径来预防传染病发生或传播的一项重要防疫措施。消毒可分为以下三类。

① 预防性消毒：羊在未发生传染病时，为预防传染病的发生，在平时的饲养管理中定期对羊舍及其空气、场地、用具、饮水、道路或羊群等进行定期消毒。

② 疫区消毒：在发生疫病期间，为消灭病羊排出的病原体，应对病羊舍、粪便和分泌物及被污染的用具等物体进行随时消毒。

③ 终末消毒：当病羊解除隔离后，或在解除封锁前，应对患病羊接触过的一切器物、羊舍、场所及痊愈羊的体表，进行一次全面彻底的消毒。

6.1.1　常用消毒剂

按消毒剂的作用水平，可将其分为高效、中效、低效消毒剂。

① 高效消毒剂：可杀灭一切细菌繁殖体、细菌芽孢、病毒、真菌及其孢子等，如火碱、过氧乙酸、戊二醛和含氯消毒剂（漂白粉、二氧化氯、二氯异氰尿酸钠）等。

② 中效消毒剂：可杀灭真菌、病毒及细菌繁殖体等微生物，如含碘消毒剂（碘伏、碘酊）、醇类及其复合消毒剂、酚类消毒剂等。

③ 低效消毒剂：仅可杀灭细菌繁殖体，达到消毒要求。低效消毒剂包括季铵盐类化合物、双胍类、金属制剂及高锰酸钾等。常用低效消毒剂有：苯扎溴铵、苯扎氯铵等季铵盐类消毒剂，醋酸氯己定、葡萄糖酸氯己定等双胍类消毒剂。

6.1.2　常用消毒方法

（1）物理消毒法

物理消毒法是指用物理因素杀灭或消除病原微生物及其他有害微生物的方法，包括自然净化、机械除菌、热力灭菌和紫外线照射等。

① 机械消毒（清扫、洗刷）：本法是最常用的消毒方法，也是日常的卫生工作之一，用以清除圈舍地面、墙壁以及羊体表上污染的粪便、垫草、饲料渣等污染物。随着污物的清除，大量的病原体也随之被清除，环境干燥时，应在清扫前用清水或化学消毒剂喷洒，以防尘埃飞扬造成病原体散播，清扫出来的污物应进行集中发酵、掩埋、焚烧或用其他消毒剂处理。本法虽能将大量的病原体清除出来，但不能达到彻底消毒的目的，必须配合其他消毒方法使用，方能将残留的病原体消灭干净。

② 通风换气：包括自然通风和机械通风，通风换气可以将圈舍内污浊的空气以及其中的病原体清除出去，能明显降低空气中病原体的含量。

③ 日光曝晒消毒：是最经济、有效的消毒方法，日光直射下经过几分钟至几小时可以使绝大多数细菌、病毒和寄生虫活力变弱或失活、死亡，对污染物、草地、运动场、用具和物品的消毒有实际意义。

④ 紫外线消毒：用紫外线灯进行紫外线消毒，紫外线灯的消毒范围为紫外灯管周围1.5 ～ 2米处。消毒时间根据污染程度而定，一般为0.5 ～ 2小时，10 ～ 15平方米的羊舍1小时，可杀灭90%的病原体，随照射时间的延长，消毒效果增强。紫外线灯照射消毒要求环境清洁。

⑤ 热力消毒灭菌：分为干热灭菌法和湿热灭菌法两类，均具有良好的灭菌作用。

a. 干热灭菌法。常用火焰灼烧法，即利用火焰喷射器对粪便、场地、墙壁、铁栏杆及其他废弃物进行灼烧灭菌，或羊尸体以及被污染的饲料、垫草、垃圾等进行焚烧处理。全进全出制羊舍的地面、墙壁、金属制器也可用火焰灼烧灭菌，玻璃器具、注射器、针头的消毒可用干热灭菌箱进行灭菌。

b. 湿热灭菌法。

煮沸灭菌法：将待灭菌的物品置于一定容器中煮沸1 ～ 2小时，以达到杀灭所有病原体的目的，常用于玻璃器具、针头、金属器械、工作服等物品的消毒。如果水中加入1% ～ 2%碳酸钠溶液或0.5%火碱溶液，可大大增强灭菌效果。

高压蒸汽灭菌法：使用高压灭菌锅，灭菌时将压力保持在103.42千帕，温度为121.5℃，保持20 ～ 30分钟，即可保证杀死全部病毒、细菌及其芽孢。本法可用于玻璃器具、纱布、金属器械、细菌培养基、橡胶用品等耐高压物品以及生理盐水和各种缓冲液等的灭菌，也可用于患病羊尸体的化制处理。

（2）化学消毒法

化学消毒法是指用化学药物进行消毒的方法，常用的消毒剂有漂白粉、二氯异氰尿酸钠、过氧乙酸、甲醛、酒精、新洁尔灭、火碱、石灰乳等。具体使用方法如下。

① 刷洗法：用刷子或铁刨花蘸取消毒液进行刷洗，常用于饲槽、饮水槽、用具等消毒。

② 浸泡法：小型器具、医疗器械等，可放在一定浓度的消毒液中浸泡消毒。

③ 喷洒法：此法最常用。将消毒药配制成一定浓度的溶液，用喷雾器对准羊舍墙壁、器具及其他设备表面进行喷洒消毒，路面的消毒也可采用此法。

④ 熏蒸法：将消毒药经过处理后，使其产生杀菌性气体，用来杀灭一些存在于死角夹缝中或皮革上的病原体，为提高消毒的效果，一般采取密闭方式。

⑤ 撒布法：将粉剂消毒药均匀地撒布在消毒对象表面，如用石灰撒布在阴湿地面、粪池周围及污水沟等处进行消毒。

⑥ 擦拭法：用布块或毛刷浸蘸消毒液，擦拭被消毒的物体，如对栅栏、饲槽、草料架的消毒。

（3）生物消毒法

生物消毒法是指利用生物消灭病原微生物的方法，常用的方法是生物热消毒技术。通过堆积发酵、沉淀池发酵、沼气池发酵等产热或产酸，以杀灭粪便、污水、垃圾等内部病原体。在发酵过程中，由于粪便、污物等内部微生物产热量可使温度上升达70℃以上，经过一段时间后便可杀死病毒、细菌、寄生虫卵等，从而达到消毒的目的。因发酵过程可以改善粪便的肥效，所以生物热消毒在各地的应用非常广泛，但只能杀灭粪便中非芽孢性病原微生物和寄生虫卵，不适用于细菌芽孢的消毒。

6.1.3 羊场消毒措施和程序

（1）进场、出场车辆消毒

① 车辆进场消毒。羊场大门口消毒池和生产区各通道出入口处消毒池内放置3%火碱溶液或其他消毒剂，水深在5厘米以上，夏季每天更换1次消毒液，冬季2～3天更换1次，在雨天或来人多的情况下，应及时更换消毒液，确保消毒池清洁有效。进场车辆的驾驶人员在生产区不得下车，如果有特殊情况需下车，驾驶员应进行喷雾消毒，然后穿上一次性工作服、一次性靴子和帽子后才能下车进入生产区，但绝不能进入羊舍。所有进入场内的车辆，必须先在场区门口指定位置对车轮、车体进行冲洗消毒。

发生疫情时，所有非生产车辆禁止入场，如送菜的车辆或其他送小物品的车辆，停在大门口外面，物品由非生产人员送入场。

② 车辆出场消毒。所有出场的车辆，必须进行喷雾消毒，方可离场。

发生疫情时，所有出场的车辆，必须对车轮、车体进行冲洗消毒。

如驾驶员在场内下车过，在出场之前，应换掉一次性鞋子和一次性工作服，并将其留在场内，然后经过消毒池后开出羊场。

（2）物品消毒

正常情况下，出场的任何物品都要清理干净。发生疫情时，所有出场的物品必须消毒后，方可出场。

进入羊舍的物品，必须进行喷雾或消毒液浸泡消毒。

对于不能喷雾消毒的药物、饲料等物料的表面采用密闭熏蒸消毒，密闭消毒3～8小时，物料使用前除去外包装。

注射器、针头、玻璃器具、手术器械等用具，应高温灭菌后才能使用。无条件的可以煮沸消毒，煮沸30分钟，可以杀灭一般的病原微生物。芽孢类的病原微生物如炭疽杆菌污染的物品，必须煮沸2小时以上，或在水中加入2.5%石炭酸煮沸15分钟，也可直接进行高压灭菌处理。

免疫完成后，疫苗箱内外表面、防疫器械表面和疫苗的疫苗瓶表面，用酒精擦拭消毒后方可出羊舍。

活疫苗空瓶处理：每次使用后的活疫苗空瓶应集中放入有盖的桶或塑料袋中进行高压灭菌处理。

（3）羊舍消毒

① 消毒程序。

a. 喷洒浸湿：在消毒前先用消毒液或水喷洒地面或物品表面，以免打扫卫生时病原体飞扬，扫出的污物集中进行烧毁或生物热发酵。

b. 清扫或刷洗：将羊舍和病羊停留过地面上的表土、粪便和垃圾彻底铲除，物品表面灰尘刷洗干净后，如是水泥地面，还应再用清水进行冲洗，按照从高到低、从里到外的原则，力求冲洗仔细、干净、不留死角，通过彻底的清扫、冲洗，可使羊舍内病原体数减少50%。

c. 喷洒消毒液：常用消毒液有2%～4%烧碱溶液、1%菌毒敌溶液、10%～20%石灰乳、10%漂白粉溶液、0.5%过氧乙酸溶液等，根据具体需要选择上述任一消毒药，消毒液用量按羊舍内每平方米面积用1升药液计算。消毒时将消毒液盛于喷雾器内，一般按由里向外、从上至下的顺序进行，一般从远离大门处开始，以先地面、房梁棚顶、墙壁，再栏杆、饲槽等物品表面的顺序均匀喷洒，最后再将地面喷洒1次。消毒完毕过一段时间再开窗通风，并用清水刷洗饲槽、用具，将消毒药味除去。在清扫、冲洗的基础上再用药物消毒，可使羊舍内病原体数减少90%以上。

② 熏蒸消毒。如果羊舍有密闭条件，必要时可以用甲醛、环氧乙烷熏蒸法进行消毒。常用甲醛熏蒸法，熏蒸时关闭门窗，用36%甲醛熏蒸消毒，用量为15～30毫升/米^2，加等量水一起加热蒸发；无热源时，可加入高锰酸钾（7～25克/米^2），即可产生高热。通常熏蒸12～24小时，然后开窗通风24小时，消除甲醛气味。

③ 消毒频率。在一般情况下，羊舍消毒夏秋季每半月进行1次，冬春季每月进行一次。产房消毒，在产羔前应进行一次，产羔的高峰时间进行多次，产羔结束后再进行一次。如被病羊的分泌物、排泄物等污染的面积不大，则可用消毒液泼洒污染地面，进行局部消毒。

6.1.4 消毒注意事项

（1）做好消毒前的清洁

首先应尽可能清除消毒对象表面的有机物。每次清洗结束在消毒前，技术员要对清洗情况进行检查验收，不合格不能直接进行下一环节。

（2）消毒剂的选择和应用

尽可能选用广谱的消毒剂或根据特定的病原体选用对其作用强的消毒剂，根据是否发生传染病及病原体的性质确定所用消毒剂品种及浓度。

不准任意将两种不同的消毒剂混合使用或消毒同一种物品，因为两种消毒剂合用时常因物理或化学配伍禁忌而失效。消毒剂应定期替换，不要长时间使用同一种消毒剂，以免病原微生物产生耐受性，影响消毒效果，最好每2～3周更换一种消毒剂。

稀释消毒剂时使用杂质较少的深井水、自来水，现用现配，一次用完。消毒剂的稀释要充分准确，应保证既能有效杀灭病原微生物，又要防止腐蚀、中毒等问题发生，并注意消毒剂之间的相互作用，防止因此而使效果降低。

（3）消毒时注意事项

消毒时环境温度和湿度要适合，消毒时间要保证，环境温度低、湿度小时，适当升高环境温度和增大湿度。

所用消毒液的量要足，让地面完全湿透，一般每平方米1～2升消毒液。

用火碱溶液喷洒消毒时，不要喷在金属器材上或屋顶等易被腐蚀的地方。

消毒要全面彻底，不要留死角，尤其是羊出入口、栏杆、饲槽等下面及其地面。

（4）做好消毒记录

每次消毒后，应立即做好相关记录，记录内容包括日期、场所、消毒剂名称、消毒浓度、消毒方式、消毒负责人签字、操作人员签字等。

6.2.1 疫病流行的特点

① 规模化程度越来越高，羊只接触频繁，易导致传染病的暴发流行。我国养羊业由自然放牧形式向规模化舍饲养羊模式转化。由于高密度、大规模化集约化饲养，羊只间接触频率增加，传染病的传染也就更容易，易导致传染病的暴发流行。

② 品种来源多样化，羊只流动性大。为了追求高效益，均希望采用繁殖性能优良、生长速度快、产肉或产奶量高的优良品种羊。但是当前我国的良种繁育体系建设滞后，许多商品羊场种群来源不固定，多途径购买种羊，又缺乏必要的隔离检测手段，使得不同地域间、不同繁育体系间疫病的传染越来越多。

③ 冬春饲草料不足。我国的天然草场改良、人工草场建设都抓得较晚，不少地方草场沙化，植被退化，产草量、载畜量低。冬春饲草料普遍不足，农副产品没有很好地加工处理、科学利用，所以地区间、季节间存在着比较严重的草畜不平衡现象。这导致羊只冬春季营养不足、消瘦，从而使得一些非传染疾病和一些条件性病原体所致疫病极易发生与流行。

6.2.2 防疫体系建立的基本原则

① 坚持预防为主，防重于治的原则。重点提高羊群整体健康水平，防止外来疫病传入羊群，制订控制与净化羊群中已有疫病的策略与技术措施。

② 确立疫病的多因论观点，采用综合性防疫措施。任何一种疫病的发生与流行都不是单一因素造成的，采用单一措施不能有效地预防、控制或消灭疫病，也不能提高群体的健康水平。必须确立疫病的多因论观点，在养羊的兽医工作中制订综合性防治技术措施。

③ 切断传染病的流行环节。目前我国传染性疾病依然是养羊业的最大威胁，特别是烈性传染病对养羊生产造成的危害与损害巨大。针对传染病流行过程中的三个基本条件（传染源、传播途径、易感动物）及其相互关系，采取消灭传染源、切断传播途径、提高羊只群体抗病力的综合防疫措施，有效地降低传染病的危害与损失。

④ 制定兽医保健防疫计划。现代养羊业中的兽医技术人员应熟悉养羊生产工艺流程、养羊设备性能、不同品种羊的特性、饲料及其加工调制、饲养与管理、经营与销售、资金流行等。依据现代养羊不同生产阶段的特点，合理制定兽医保健防疫计划。

6.2.3 常用疫苗接种的种类

（1）预防接种

预防接种是为了防止某种传染病的发生，定期有计划地用疫苗等生物制品给健康羊进行的免疫接种。

为了使预防接种有的放矢，要弄清楚本地区传染病的种类、发生季节、疫病流行规律、疫苗和羊群的特点，制订出相应的免疫计划和确定免疫程序，适时、定期地进行预防接种，这样才能取得预期的效果。

预防接种根据所用生物制剂种类的不同，采用皮下、皮内、肌内注射或饮水、喷雾等不同的接种方法，接种后经一定时间（数天或2～3周），可获得数月至一年以上的免疫力。

（2）紧急接种

紧急接种是为了迅速扑灭疫病的流行而对尚未发病的羊只进行的临时性免疫接种，一般用于疫区周围的受威胁区，使其建立一个"免疫带"，是把疫情控制在疫区内，就地扑灭的一种有力措施。

有些产生免疫力快、安全性能好的疫苗，可用于疫区内受传染源威胁、还未发病的羊。在疫区内用疫苗作紧急接种，要对受传染源威胁的羊逐只仔细检查，仅能对正常无病的羊进行免疫接种。有些外表正常无病的羊中可能混有少量潜伏感染羊，后者接受疫苗后不能获得保护，反而促使它更快发病。因此，在紧急接种后一段时间内可能发生病羊数有所增加，但对多数羊来说很快产生免疫力，发病数不久即可以下降，最终使流行很快停息。

6.2.4 免疫接种前准备

（1）疫苗物品的准备

① 疫苗和稀释液。按照免疫计划，准备所需疫苗和稀释液，检查核对并记录疫苗的名称、生产商、批准文号、生产批号、有效期和失效期等信息。

检查疫苗瓶的外观，凡发现疫苗瓶裂、瓶盖松动、失真空、超过有效期或标签不完整、色泽改变等情况，一律不得使用。

不使用专用稀释液的疫苗，稀释液可选生理盐水。

② 免疫接种的器械。注射器、针头、镊子、容量瓶、煮沸消毒器、疫苗冷藏箱等。

③ 免疫接种器械的清洗、包装与消毒。

a. 冲洗。将注射器、针头及器械等用清水冲洗干净，晾干。

b. 灭菌。

高压灭菌：将装好的注射器、针头放入高压灭菌锅中，121℃高压灭菌20分钟取出待用。

煮沸消毒：放钢精锅或铝锅内，加水淹没物品2厘米以上，煮沸30分钟，待冷却后放灭菌器中备用。

灭菌后器械若1周内不用，下次使用前应重新消毒灭菌。

严禁使用化学药品对免疫接种用器械进行消毒。

④ 免疫接种物品。

a. 消毒药品有75%酒精、2%～5%碘酊、来苏儿水或新洁尔灭溶液、肥皂等。

b. 防护物品有防护服、胶靴、橡胶手套、口罩、工作帽和护目镜等。

c. 其他物品有免疫记录表、脱脂棉、纱布、冰块和记号笔等。

（2）免疫操作人员的准备

免疫人员要穿戴防护服、胶靴、橡胶手套、口罩、工作帽。手指甲要剪短，双手先要用肥皂、消毒液洗净，再用70%酒精消毒。

（3）检查待免疫羊群的健康状况

接种疫苗前，必须检查羊只的健康状况，检查羊群每只精神状态、食欲等。

凡身体瘦弱、体温升高、临近分娩或分娩不久的母羊，在患病或有传染病流行时，一般暂缓接种。

对不能免疫的羊进行详细记录，以备过后补免疫接种。

（4）疫苗的预温、稀释及吸取

① 疫苗的预温。使用前，从冰箱中取出疫苗，置于室温（15～25℃），以平衡疫苗温度。

② 冻干疫苗的稀释和注意事项

a. 按疫苗使用说明书规定的稀释方法、稀释倍数和稀释剂来稀释疫苗。

b. 稀释前先除去疫苗瓶和稀释液瓶口的火漆或石蜡，用酒精棉球消毒瓶塞。

c. 用注射器抽取稀释液，注入疫苗瓶中，振荡，使其完全溶解后全部抽出注入疫苗稀释瓶中，然后再抽取稀释液注入疫苗瓶中冲洗，一般冲洗2～3次，注入疫苗稀释瓶中，补充稀释液至规定剂量即可。

d. 在计算和量取稀释液用量时，应细心和准确。

e. 稀释过程应避免光、避尘和无菌操作，尤其是注射用疫苗应严格无菌操作。

f. 稀释好的疫苗应尽快用完，尚未使用的疫苗应放在冰箱或冷藏包中冷藏。

③ 吸取疫苗。轻轻振摇稀释好的疫苗，使其混合均匀。用75%酒精棉球消毒疫苗瓶瓶塞，将注射器针头刺入疫苗瓶，抽取疫苗。排出针管中的空气，排气时用棉球包裹针头，以防疫苗溢出，污染环境。

6.2.5 免疫接种方法及选择

每种疫苗都有其最佳接种途径，弱毒疫苗应尽量模仿自然感染途径接种，灭活疫苗均应皮下或肌内注射接种。羊的接种途径主要有皮下注射、皮内注射、肌内注射、刺种或喷雾等。

① 肌内注射法。适用于接种弱毒苗和灭活苗，注射部位通常是臀部两侧、肩前颈部两侧等肌肉丰满处，一般全用12号针头。

② 皮下注射法。适用于接种弱毒苗和灭活苗，注射部位在颈部、股内侧或肘后。

注射时，确保针头插入皮下，为此进针后摆动针头，如感到针头摆动自如，推压注射器的推管，药液极易进入皮下，无阻力感，则表示位置正确；如不正确推动药液时可感到有阻力。

③ 皮内注射法。此法一般适用于羊痘弱毒疫苗等少数疫苗，注射部位为尾根皮肤，使用细小注射器针头（6号）。将尾翻转，注射部位用75%酒精棉球消毒后，以左手拇指将尾根皮肤绷紧，针头以与皮肤平行方向慢慢刺入，并缓缓推入药液，如注射部位有一豌豆大小的小包，即表示注射成功。

6.2.6 免疫接种注意事项

（1）免疫接种前注意事项

① 疫苗必须根据其性质妥善保管。油乳剂灭活苗、氢氧化铝灭活苗等，类毒素、血清及诊断液要保存在低温、干燥、阴暗的地方，温度维持在2～8℃，防止冻结、高温和阳光直射。冻干弱毒疫苗最好在零下15℃或更低的温度下保存，才能更好地保持其效力，在不同温度下保存的期限，不得超过该制剂所规定的有效保存期。

② 疫苗的检查。疫苗在使用之前，要逐瓶检查，发现盛药的玻璃瓶破损、瓶塞松动、没有瓶签或瓶签不清、过期失效、制剂的色泽和形状与制品说明书不符或没按规定方法保存的，都不能使用。

（2）免疫接种操作注意事项

兽医人员接种时需穿工作服和胶鞋，必要时戴口罩，工作前后均需洗手消毒，工作中不得吸烟和吃食物。

疫苗使用前必须充分振荡，使其均匀混合才能应用，免疫血清则不应振荡，沉淀不应吸取，并须随吸随注射。必须稀释后才能使用的疫苗，应按说明书要求进行稀释。

接种前应对接种部位严格消毒。接种时，吸取疫苗的针头要固定，每注射1只羊换1个针头，以避免带菌（毒）羊的病原体通过针头传给健康羊。疫苗的用法、用量，按该制品的说明书进行，开封后当天用完。

已经打开或稀释过的疫苗，必须当日用完，隔夜不能再用，未用完的处理后除去。弱毒疫苗稀释后在低于15℃条件下4小时内用完，15~25℃条件下2小时内用完，25℃以上条件下1小时内用完。

疫苗应避免阳光照射和高温高热，天气炎热时活疫苗可保存在冷藏箱，以免气温过高影响免疫效果。

（3）免疫接种后注意事项

① 接种后疫苗和器械等的处理。免疫接种结束后，使用过的注射器、针头、镊子及接触过疫苗液的瓶等用完后浸泡于消毒液中至少1小时，洗净擦干后放入消毒盒中备用。装疫苗的小瓶、一次性注射器要妥善收集集中处理。废弃的活疫苗必须煮沸或倒在火内烧掉，灭活疫苗倒在深坑内埋掉。

② 做好免疫记录。每次免疫接种后应详细记录：疫苗名称、类型、规格、生产厂家、有效期、批号、稀释情况，免疫对象及数量，以及接种人员姓名及接种日期，以便事后总结经验。

③ 接种后的羊群观察。接种疫苗后，在反应期内应注意观察羊群，少数羊只注射疫苗后可出现以下反应。

a. 全身反应。由于羊的个体差异等，少数羊只在注射疫苗后会出现体温升高、不吃食、精神委顿，有的产生过敏性休克、腹胀、肺水肿和流产等，有时还会出现皮下水肿、皮肤出疹或渗出性湿疹、淋巴结肿大，另外还有部分疫苗存在残余致病力。

b. 局部反应。在使用灭活疫苗时多见，以注射部位水肿为特征，但很快消失。在有炎症反应的病例中，根据所用油剂的性质以及疫苗成分对注射部位的刺激作用，可不同程度地表现出坏死和化脓，油佐剂可引起肌肉变性、肉芽肿、纤维化或脓肿。

若出现以上反应，应及时进行对症治疗。若出现某传染病的症状，必须立即隔离进行治疗。

6.2.7　羊群免疫程序

免疫接种须按合理的免疫程序进行，各地区、各羊场可能发生的传染病不止一种，可以用来预防这些传染病的疫苗的性质又不尽相同，免疫期长短不一。因此，羊场往往需用多种疫苗来预防不同的疫病，也需要根据各种疫苗的免疫特性来合理安排免疫接种的次数和间隔时间，这就是免疫程序。

（1）免疫程序的制定

一个好的免疫程序不但要有严密的科学性，而且还要考虑在生产实践中实施的可行性，因此，在制定免疫程序时必须考虑下列因素。

① 本地区近年来发生过的疫病、发生季节、发病羊龄、流行强度。

② 所养羊的品种、来源、用途、饲养方式、年龄、生理特点及羊群的抗体水平。

③ 拟采用的生物制品种类，其免疫原性、免疫期、免疫反应、免疫途径及过去在本地区使用的效果。

④ 可用于兽医防疫工作的人力、物力及血清检测等实际条件。

羊场可根据上述因素充分衡量利弊，制定适合本地情况的免疫适用程序，在实施中进行免疫检测并考察其综合效益，总结经验，不断调整完善适用的免疫程序。

（2）羊的参考免疫程序

目前，我国还没有一个统一的羊免疫程序，表6-1为供读者参考的免疫程序。

表6-1　羊群参考免疫程序

羊类型	接种时间	疫苗	接种方式	免疫期
羔羊	15日龄	小反刍兽疫、山羊痘二联活疫苗	皮内注射	1年
	30日龄	山羊传染性胸膜肺炎灭活苗	皮下注射	1年
	2.5月龄	口蹄疫O型、A型二价灭活疫苗	肌内注射	6个月
	3月龄	羊三联四防疫苗	皮下或肌内注射	6个月
母羊	配种前2周	口蹄疫O型、A型二价灭活疫苗	肌内注射	6个月
	产前1个月	羊三联四防疫苗	皮下或肌内注射	6个月
	产后1个月	山羊传染性胸膜肺炎灭活苗	皮下或肌内注射	1年
	产后1.5个月	小反刍兽疫、山羊痘二联活疫苗	皮内注射	1年
群防	春季防疫	羊三联四防疫苗	皮下或肌内注射	6个月
	春季防疫	口蹄疫O型、A型二价灭活疫苗	肌内注射	6个月
	春季防疫	山羊传染性胸膜肺炎灭活苗	皮下或肌内注射	1年
	春季防疫	小反刍兽疫、山羊痘二联活疫苗	皮内注射	1年
	秋季防疫	口蹄疫O型、A型二价灭活疫苗	肌内注射	6个月

6.3　羊群日常管理

6.3.1　耳号编打

羊的个体编号是开展肉羊繁育和生产中不可缺少的技术工作，总的要求是简单，便于识别，不易脱落或字迹清晰，有一定的科学性、系统性，便于资料保存、统计和管理。羊采用塑料耳标。

① 耳标：定制激光打印的耳标，也可用空白耳标，用油性记号笔写上编号。耳标、耳标钳、已打上耳标的羊只分别如图6-1、图6-2、图6-3所示。

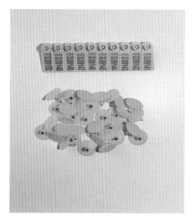

图6-1 定制的耳标（江喜春 拍摄）

图6-2 耳标钳（江喜春 拍摄）

图6-3 打上耳标的羊只（江喜春 拍摄）

② 耳标编号：耳标编号有很多种，为了方便了解羊只的出生年月，编号一般由场号、年号、月份、个体号组成，总数据不超过8位，有利于计算机整理资料。

如耳标号A2204001或B2204002：A或B代表羊场，22代表年份，04代表月份，001、002代表羔羊出生的序号，其中序号个位数奇数代表公羊，偶数代表母羊。

③ 羊场日常生产中，耳标被羊只咬掉或有其他机械性损坏，需要羊场技术人员或饲养人员及时补打，尤其是羊场的繁殖母羊和种公羊，更需要补打耳标。同时，更新以前的记录。为解决这个技术难题，我国技术人员研发电子芯片（图6-4），埋植在羊耳旁的皮下组织，然后通过识码器（图6-5、图6-6）读出耳标号。

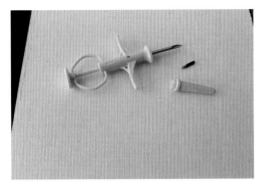

图6-4　电子芯片（张玲 拍摄）

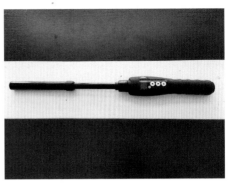

图6-5　手持芯片识码器（张玲 拍摄）

图6-6　芯片识码与羊群信息化系统阅读机（张玲 拍摄）

6.3.2　生产档案制作

肉羊场的原始生产记录构成了养殖档案的主体部分，主要有以下几类。

（1）配种记录

记载项目有母羊号、配种公羊号、配种日期及复配日期、复配种公羊号；并在配种记录封面记载品种、圈舍编号（或者栏号）、同舍母羊总数，记载时间与母羊输精同步；同时，还需要记录种公羊采精情况，内容有采精日期、采精种公羊号、各次采精量及精液品质（含密度、活力、色泽）等，与验精同步记录。

（2）产羔记录

记载项目有生产母羊耳号、配种公羊号、配种日期、产羔日期、羔羊性别、初生重、同胞数（单、双、叁）、初生鉴定、临时编号、代哺情况及死亡情况（时间、病因），通常在羔羊出生24小时内进行登记；另外，可根据羊场实际上报产羔报表，报表项目包括配种只数、参加产羔母羊数、已产母羊数、未产母羊数、空胎数、正产羔羊数、流产死胎数、成活羔羊数(公母)、羔羊死亡数(注明原因)，计算出繁殖成活率、羔羊死亡率以及生产母羊产羔期间死亡情况。

（3）鉴定记录

鉴定记录包括育成羊（周岁公羊、母羊）鉴定记录、两岁（母羊）鉴定记录、成年公母羊鉴定及复查记录等；记载项目有个体号、父母号、各项性状鉴定结果、体尺及鉴定时体重、总评、等级等内容；同时注明品种、类型（或杂交组合）及鉴定员、记录员、管理员等，在鉴定现场同步记录。

（4）其他记录

其他记录有羔羊离乳记录（包括品种、断乳日期、体重、体尺、等级）、体重（膘情）抽测记录（定期随机抽一定数量的羊只测定其体重，现场记载圈舍编号、栏号、羊号、体重、抽样数、称重日期）等相关的生产记录。

（5）图片、影像及其他实物资料

反映羊场生产经营过程，羊群优秀个体、群体的育种、生产、饲养管理状况的图片、影像及其他实物资料分门别类进行保存。

6.3.3 羊场智能化管理

羊场智能化管理是向羊场企业提供完整的数字智化管理的平台体系，包括羊场生产、羊场育种、羊场物资、羊场成本、羊场财务、羊场绩效等模块应用，以达到提升羊场的生产效率、降低经营成本、增强企业整体竞争力的目的。

羊场智能化管理由硬件和软件组成。硬件主要包括：连接智能电子耳标（或埋植羊耳朵旁的皮下组织芯片）、智能耳标扫描器或电子芯片识码器、手机或电脑等终端设备，现场实时数据采集，并与手机APP端或电脑端数据同步，避免了人工数据录入错误和效率低下的技术难题。软件主要基于手机端APP随时随地接收生产预警、执行任务，进行采精、配种、妊检、分娩、断奶、转舍等全程移动化操作。支持实时查看羊场存栏、配种和分娩情况等各项数据，提供羊场的标准分析报表，对羊场配怀率、胎均产羔数、羔羊成活率等数据进行全方位的对比分析，实现数据的深度解析，帮助快速精准找到羊场问题，提高羊场生产成绩。

6.3.4 羔羊去势与断尾

（1）去势

不宜作种用的公羔要进行去势，去势时间一般为1～2月龄，多在春秋两季气候凉爽、晴朗的时候进行。幼羊去势手术简单、操作容易，去势后羔羊恢复快，其方法有阉割法和结扎法。

① 去势目的。去势后性情温顺，管理方便；育肥效果好，饲料转化率高；去势羊较公羊肉品质更好，无膻味，肉质细嫩。

② 去势方法。

a. 阉割法。将羊保定后，用碘酒和酒精对术部消毒，术者左手握紧阴囊的上端将睾丸压迫到阴囊的底部，右手用刀在阴囊下端与阴囊中隔平行的位置切开，切口大小以能挤出睾丸为宜。睾丸挤出后，将阴囊皮肤向上推，暴露精索，采用剪断或拧断的方法均可。在精索断端涂以碘酒消毒，在阴囊皮肤切口处撒少量青霉素粉即可（图6-7）。

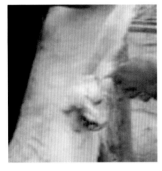

图6-7　阉割法示例（詹迎谷 供图）

b. 结扎法。公羔一周大时，将睾丸挤在阴囊内，用橡皮筋或细绳紧紧地结扎在阴囊的上部，断绝血液的流通。半个月左右，阴囊及睾丸萎缩并自然脱落，此法简单，方便易行，效果好。结扎后，要注意检查，以防止橡皮筋断裂或结扎部位发炎、感染（图6-8）。

（2）断尾

肉羊业中断尾的羔羊主要是肉用绵羊种公羊与当地绵羊母羊杂交所生的杂交羔羊，其目的是避免粪便污染羊毛，或夏季苍蝇在母羊外阴部下蛆而感染疾病和便于母羊配种。

图6-8　结扎法示例（詹迎谷 供图）

① 断尾时间。出生后3～20天内断尾。对于体弱羊要适当延长几天，待健壮后再进行。天气晴朗、干燥时进行断尾。

② 断尾方法。主要包括结扎法和烧烙法。

a. 结扎法。用旧自行车内胎、胶筋等横切成0.2～0.3厘米宽的胶条或橡皮筋。一人将羔羊贴身抱住，用手拉尾巴使其向与身体平行方向伸直，另一人用胶条紧缠在羊尾的第四尾椎关节处（距尾根4～5厘米），阻断尾下段的血液流通，缠紧后10余天尾端后段自行脱落，未脱落者可用剪刀剪下，并在断口处用碘酒消毒。此法简单易行，便于操作（图6-9）。

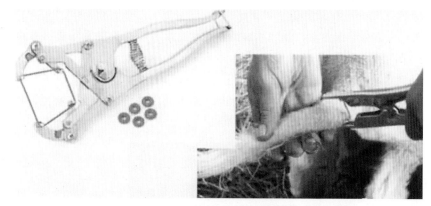

图6-9　结扎法断尾示例（詹迎谷 供图）

b. 烧烙法。准备一个特制的断尾铲和两块20厘米的木板，在一块木板一端的中部锯一个半圆形缺口，两侧包以铁皮。术前用另一块木板衬在条凳上，一人将羔羊背贴木板进行保定，另一人用带缺口的木板卡住羔羊尾根部（距肛门3～4厘米），并用烧至暗红的断尾铲将尾切断。下切的速度不宜过快，用力应均匀，使断口组织在切断时受到烧烙，起到消毒、止血的作用。尾断下后如仍有少量出血，可用断尾铲烫即可止血，最后用碘酒消毒（图6-10）。

图6-10　烧烙法断尾示例
（詹迎谷 供图）

6.3.5　修蹄、剪毛

（1）修蹄

修蹄是羊场管理重要保健工作，对舍饲养羊尤为重要，羊蹄过长或变形，会影响羊的行动，产生蹄病，甚至造成羊只残疾。每年春季至少要修蹄1次，或根据具体情况随时修蹄，以免造成蹄甲变形，导致蹄甲感染。修蹄对配种公羊也非常重要，蹄病或变形蹄会影响公羊的配种。

修蹄视频

① 修蹄时间的选择　母羊配种前或产后，公羊配种前；天气宜在雨后进行，或在修蹄前在较潮湿地带放牧，使蹄变软，以利修剪。

② 修蹄工具　修蹄的工具主要有修蹄刀、修蹄剪（有电动和手动两种），如图6-11所示。同时配备高锰酸钾、碘酒、烙铁等物品。

③ 修蹄方法

a. 修蹄时，羊呈坐姿保定，背靠操作者，先从左前肢开始，术者用左腿架住羊的左肩，使羊的左前膝靠在人的膝盖上，左手握蹄，右手持刀、剪，先除去蹄下的污泥，再将蹄底削平，剪去过长的蹄壳，将羊蹄修成椭圆形。

b. 修蹄时可用修蹄剪，先把较长的蹄甲修剪掉，然后将蹄周围的蹄角质修理与蹄底接近平齐。

c. 变形蹄必须每隔十几天修一次，连续修蹄2～3次，可以矫正蹄形。

d. 修蹄时要细心操作，动作准确，有力，要一层一层地往下削，不可一次切削过深。如果修剪过深造成出血，可以涂碘酒消毒；若出血不止，可用烙铁烧成微红，将蹄底迅速烫一下，到止血为止，烧烫时动作要快，以免造成烫伤（图6-12）。

图6-11 修蹄剪、修蹄刀（黄亮 拍摄）

图6-12 修蹄示例（黄亮 拍摄）

（2）剪毛

养殖场要在适宜的时间组织好剪毛工作，以提高羊毛的产量和质量，同时保证羊体健康，保证羊的生产性能。

① 剪毛时间和次数

a.一般春季、秋季各剪一次。过早剪毛，羊体易受冻害；过迟剪毛，一是会阻碍体热散发影响增重，二是羊毛脱落造成经济损失，同时同圈羊采食脱落羊毛，在瘤胃形成毛团，阻塞瓣胃等，造成毛球病。

b.剪毛应在晴天进行，雨后不应立即剪毛，雨后剪毛潮湿，剪下羊毛包装后易引起腐烂。

c.剪毛的具体时间依当地的气候条件而定，春季要在气候变暖，并趋于稳定时进行，秋季大多在9月进行。

② 剪毛方法

绵羊剪毛劳动强度大，目前提倡采用机械剪毛，一个熟练的剪毛工平均每天可剪250～350只羊，速度快、质量好。

③ 剪毛注意事项

a.剪毛时要集中注意力，避免剪伤羊，剪伤后要立即涂浓碘酊，防止化脓生蛆，感染破伤风梭菌。

b.疥螨病羊只应最后剪毛，剪毛结束后剪毛工具和剪毛场所要彻底消毒。

c.羊在剪毛前12小时，如果是牧场要停止放牧、喂料和饮水，以免在剪毛过程中粪尿污染羊毛，其次因饱腹在翻转羊体时易引起胃肠扭转等事故。

现场剪毛示例见图6-13。

图6-13　现场剪毛示例（黄亮 拍摄）

6.3.6　驱虫、药浴

（1）驱虫

养羊不做好驱虫，羊吃得多，长得慢，羊只消瘦抵抗力低，发病率高，生产效率低。所以在羊场生产管理中，定期及时做好驱虫非常重要，一般每年2～3次，放牧羊群3～4次，以避免羊在轻度感染后进一步发展而造成严重危害。

① 驱虫药物：常见驱虫药有左旋咪唑、吡喹酮、阿苯达唑（丙硫咪唑）、芬苯达唑、伊维菌素等，生产中应根据本地区寄生虫病的流行情况，选择适合的药物给羊驱虫。

② 驱虫途径：一般有口服、肌注、体表用药，羊在驱虫前要禁食，一般夜间不喂不饮，在早晨口服给药即可。

③ 驱虫时间和计划：驱虫的时间要根据当地羊寄生虫病的流行季节动态而定，一般可在每年3～4月份及12月至次年1月各安排1次，这样有利于羊的抓膘和安全越冬及度过春乏期。

a. 常见的吸虫、绦虫，每年春、夏、秋三季各驱虫一次。吸虫常用吡喹酮，绦虫常用阿苯达唑，效果都不错。

b. 常见的线虫，每年春秋两次驱虫。常用肌注药有伊维菌素、阿维菌素等，口服药有左旋咪唑、阿苯达唑等。

c. 体外寄生虫，每年春、秋两季各驱一次。

使用伊维菌素注射液皮下注射，另外每年春秋季剪完羊毛7天后，将羊集中统一用

0.1%～0.2%杀虫脒或0.025%～0.05%双甲脒进行药浴。

④ 使用驱虫药物注意事项。阿苯达唑对线虫的成虫、幼虫和吸虫、绦虫都有驱杀作用，但对疥螨等体外寄生虫无效，用于驱杀吸虫、绦虫时比驱杀线虫用量应大一些。阿苯达唑对胚胎有致畸作用，所以对妊娠母羊使用该药时要特别慎重，母羊最好在配种前先驱虫。

有些驱虫药物，如果长期单一使用或用药不合理，寄生虫对药物产生了耐药性，有时会造成驱虫效果不好。抗药性的预防可以通过减少用药次数、合理用药、交叉用药得到解决。驱虫后间隔7天，要再驱一次。10天内的粪便要统一收集，进行无害化处理，以杀死虫卵和幼虫。

（2）药浴

药浴是预防和治疗羊疥螨、羊虱等体外寄生虫病的重要措施，在有疥螨病发生的地区，对羊只每年可进行2次药浴。治疗性药浴，在夏末秋初进行，冬季对发病羊只可选择暖和天气，用药液局部涂擦（图6-14）。

图6-14　药浴现场（詹迎谷 供图）

① 药浴的时间。

a. 一般在剪毛后7～10天进行。

b. 选择晴朗的天气。

c. 药浴前如果是放牧羊，应停止放牧半天，并饮足水。

② 药浴的药物。

a. 0.05%辛硫磷乳油（100千克水加50%辛硫磷乳油50克）。

b. 0.5%～1%敌百虫水溶液。

c. 药液配制应使用饮用水，药浴时药液温度以20～30℃为宜。

③ 药浴的方法。

a. 池浴法。药浴时一人负责推引羊只入池，另一人手持浴叉负责池边照护，遇到背部、头部没有湿透的羊将其压入药液内浸湿，使其全身各部位都能彻底浸湿药液。当有挤压现象，要及时拉开，以防药液呛入羊肺或淹死在池内。如发现有被药水呛着的羊只，要用浴叉把羊头部扶出水面，引导出池。羊在入池2～3分钟后即出池，使其在广场停留5分钟后再放出。

b. 淋浴法。淋浴法具有容量大、速度快、省工、安全等优点，但需一定的动力（电力）和设备。淋浴装置由机械和建筑两部分组成。机械部分有动力、水泵、管道和喷头，喷头分上、下两部分，上喷头由上向下喷，下喷头由下向上喷。建筑部分包括淋场、进水池、贮水池、进羊栏、滤液栏和收容栏。

c. 高压水枪喷浴法。直接在羊舍内，把高压水枪调成水雾状，喷洒羊身上，来回2～3次，把羊身上湿透。连羊带圈一起喷洒，彻底杀虫。

6.3.7 羊只淘汰规范

淘汰羊是否及时规范直接关系到养殖场效益，淘汰羊是养殖场降本增效关键点之一。我们常讲淘汰羊主要指用于繁殖用的种公羊、种母羊。

种公羊淘汰标准：年龄大、体质差及性欲低下，不能胜任养羊场生产配种工作；精液品质差、活力低，所配母羊受孕率及产羔率不理想；使用年限较长，已经无法避免近亲交配的出现；经检查患有布鲁氏菌病（需无害化处理）、衣原体病等传染性疾病。

种母羊淘汰标准：年龄大、体质差、繁殖力低、泌乳不足、母性差，难以为养羊场创造效益；产后长时间不发情，或多次配种均不能受孕；怀孕期间患有严重的阴道脱垂、习惯性发生阴道脱垂；习惯性发生难产；无原因习惯性流产；经检查患有布鲁氏菌病（需无害化处理）、衣原体病等传染性疾病。

6.4 羊舍内环境管理

6.4.1 羊舍通风

羊舍通风换气的目的在于排出羊舍内产生的过多的水汽和热量，驱走舍内产生的有害气体和臭味。为了保证羊舍干燥和空气新鲜，必须有良好的通风设备与措施。通风换气参数：成年绵羊舍每只每分钟0.6～0.7立方米（冬季）、1.1～1.4立方米（夏季）。通风方式可分为以下两类。

（1）羊舍自然通风

自然通风是借助自然风压或热压产生的空气流动，通过畜舍墙壁空隙形成空气交换。目前多数规模化羊场羊舍两面主要是卷帘，可根据天气情况（风向、温度）合理控制卷帘高度，以使空气流动。

（2）羊舍机械通风

① 负压通风　也称排风式通风或排风，是通过风机抽出舍内污浊空气，舍内空气压力变小，舍外新鲜空气通过进气口或进气管流入舍内而形成舍内外空气交换。负压通风较为简单，投资少，管理费用低。

② 正压通风　也称进气式通风或送风，是通过风机将舍外新鲜空气强制送入舍内，使羊舍内压力增高，舍内污浊空气经风口或风管自然排出的换气方法。这种通风方式的优点在于可对进入的空气进行加热、冷却及过滤等预处理，可有效保证舍内适宜的温度、湿度，适用于严寒或炎热地区。但是，这种通风方式比较复杂，造价高，管理费用大。

6.4.2　羊舍温度

冬季产羔舍最低温度应保持在10℃，一般羊舍0℃以上，夏季舍温不应超过30℃。羊舍应保持干燥，地面不能太潮湿，空气相对湿度应低于70%。

6.4.3　羊舍采光

羊舍一般采用自然光照，故修建羊舍时要考虑适当的采光系数，即窗户有效采光面积与舍内地面面积之比。

羊舍采光系数，成年羊舍1∶（15～25），高产羊舍1∶（10～12），羔羊舍1∶（15～20），产羔羊舍的采光系数应小。羊舍光照入射角应不小于25°，透光角不小于5°。

6.4.4　羊舍除湿危害

羊舍潮湿有以下危害。

① 增加有害气体的积存。高湿会增加羊舍内有害气体积存，如氨气、硫化氢等，危害羊只健康。

② 易引发呼吸系统疾病。羊舍潮湿的话，极易引起羊群呼吸系统疾病，如感冒、咳嗽、哮喘、气管炎等。

③ 不利于羊的生长发育。羊具有喜温暖怕潮湿的特点，如果羊长时间生活于高湿环境中，则易导致羊精神萎靡，低头耷耳，采食量下降，生长发育减慢。

④ 潮湿环境为各种微生物繁殖创造了有利条件。潮湿加快微生物繁殖，易导致一些疾病如羔羊痢疾、大肠杆菌病以及体内外寄生虫病的流行。

可以通过使用除湿器、地面铺设吸水吸潮材料、使用干燥剂等方法来除湿。

6.4.5　羊舍除氨气

氨气的危害如下。

① 诱发呼吸道疾病。氨气溶解于水呈现碱性。对于黏膜有强烈的刺激性，可引起眼睛流泪、灼痛，角膜和结膜发炎，视觉障碍。氨气进入呼吸道可引起咳嗽、气管炎和支气管炎、肺水肿、呼吸困难、窒息等症状，甚至坏死，造成呼吸机能紊乱。同时呼吸道纤毛丧失活动功能，增加由空气传播疾病的易感性。

② 降低机体抵抗力。氨气通过呼吸道吸入后，经肺泡进入血液，与血红蛋白结合，使血红素变为正铁血红素，降低血红蛋白的携氧能力，从而出现组织缺氧，降低机体对疾病的抵抗力。

③ 对羊生长性能的影响。血氨浓度增高，导致肠膜供血减少，黏膜上皮脱落，营养吸收减少，黏膜免疫力下降。临床上常见浓氨环境中，腹泻增多。同时氨的解毒过程是一个高度耗能的过程，因此动物用于生长和生产的能量就相应减少，从而影响动物的生长性能。羊的日增重随着圈舍内氨气浓度的升高而下降，料重比则随着圈舍内氨气浓度的升高而升高，同时氨气还可诱发其他疾病。羊舍要控制羊只数量，防止密度过大；应定期通风换气；定期清理羊粪；定期喷洒除臭剂，以消除羊舍内的氨气。

6.5　羊场粪污处理

6.5.1　羊场粪污的肥料化

（1）直接还田

羊粪中富含有机质，粪质较细，肥分浓厚，各种畜粪尿中，以羊粪的氮、磷、钾含量最高。1只羊全年可排粪750～1000千克，含氮量为8～9千克，相当于35～40千克硫酸铵的肥效，可施用1～1.5亩（1亩=666.67平方米）土地。

① 直接还田优点。

a. 可增高地温，疏松土壤，改善土壤团粒结构，防止土壤板结。

b. 对改良盐碱地和重黏土有明显的效果。

c. 可以明显提高农作物产量。

② 直接还田缺点。

a. 体积大，运输成本高。

b. 如果羊粪不发酵直接施肥，易造成植物烧根、烧苗等现象发生。

c. 未做处理的粪尿中的杂草种子、寄生虫卵、病原菌等对环境和农作物有一定的危害性。

（2）制作堆肥

堆肥是在人工控制下，在一定的水分、碳/氮比（C/N）和通风条件下，通过微生物的发酵作用，将有机物转变为肥料的过程。堆肥是畜禽粪便无害化处理和营养化处理最为简便和有效的方法。堆肥可杀灭羊粪中的病菌和草种子，减少堆存的体积和重量，提高作物所需营养素的含量，有利于贮存和施用，是一种迟效肥料，且对农作物无害。

① 羊粪堆肥分类。

a. 全羊粪高湿堆肥指在堆肥的原料中只使用羊粪这一种原料。

b. 常见高温堆肥指在堆肥的原料中除使用羊粪，还加入一定比例的有机质辅料（如小麦、玉米秸秆、木屑、糠粉等）和无机质辅料（污泥、过磷酸钙、草木灰等），以提高堆肥效率和堆肥效果。

c. 添加微生物堆肥指在常规高温堆肥的原料中，选择性地添加有助于堆肥的微生物，促进堆肥的进行，进一步提高堆肥的效果。

② 羊粪堆肥过程三个阶段。

a. 升温阶段（30～40℃，1～3天）。由中温好氧的细菌和真菌，将易分解的可溶性物质（淀粉、糖类）分解，产生二氧化碳和水，同时产生热量使温度上升。

b. 高温阶段（45～65℃，3～8天）。随着堆温的升高，最适宜温度45～65℃的嗜热菌，取代了嗜温菌，可将堆肥中残留的或新形成的可溶性有机物继续分解转化，一些复杂的有机物也开始被强烈地分解。通常从升温阶段到高温阶段温度开始降低的这个时期称为主要发酵期，一般需要10～12天。

c. 降温和腐熟阶段（20～30天）。经过高温阶段的主要发酵过程，大部分易于分解和较易分解的有机物（如纤维素等）已得到分解，剩下的是木质素等较难分解的有机物及新形成的腐殖质。这时微生物活动减弱，产热量减少，温度逐渐下降，嗜温或中温性微生物成为优势菌种，残余物进一步分解，腐殖质继续积累，堆肥进入腐熟阶段，这段时间为20～30天。

③ 羊粪堆肥工艺流程见图6-15。

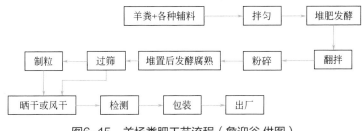

图6-15　羊场粪肥工艺流程（詹迎谷 供图）

④ 羊粪堆肥所需要辅料。羊场羊粪堆肥常用的辅料包括稻草、米糠、锯末、菌渣、草木灰、污泥、脱水畜禽粪便、秸秆等。

⑤ 羊粪堆肥设备、设施。

a. 原料处理设备。处理设备包括粉碎、混合、输送和分离设备。

b. 翻堆设备。翻堆设备分为斗式装载机或推土机、跨式翻堆机、侧式翻堆机。

c. 反应设施。长方体池子，高不超过2米，宽1.5～3米，长度视场地大小和羊粪多少而定，也可采用堆肥舍、堆肥槽、堆肥塔、堆肥盘等设施进行堆肥。

d. 除臭设备。堆肥过程的每道工序均有臭气产生，主要有氨气、硫化氢、甲硫醇、胺类等。臭味问题关系到一个堆肥工厂能否正常运行，有效的臭味控制是衡量堆肥厂成功运转的一个重要标志，方法主要有：化学除臭剂除臭（水、酸、碱溶液吸收法），臭氧气化法，活性炭、沸石堆肥吸附法。

e. 包装储存设备。回转式振动筛、磁选机、风选机等预处理设备，制粒机、自动包装机等包装设备，至少容纳6个月产量的贮藏车间。

⑥ 羊粪堆肥管理。羊粪堆肥管理要点：配好、拌匀、松散、堆好、盖严、翻好。

a. 配好：根据不同的堆肥方式把羊粪、各种辅料、过磷酸钙、复合酶菌种等，按比例严格配好，有机质的含量控制在20%～80%，太小或太大都不合适，含水量控制在45%～65%。

b. 拌匀：采用专用翻拌机把以上原料和菌种拌匀。

c. 松散：在翻拌过程中，以秸秆粉（或干羊粪）调节水分，含水量为45%，拌好的料不结块，以松散为好。

d. 堆好：先比较疏松地堆积一层，待堆温达45～65℃时，保持3～8天，或待堆温自然下降后，将粪堆压实（不要踩得太实），而后再加一层鲜粪。当堆积1.5～2米时，用泥浆或塑料膜密封，为促进发酵过程，可在肥料堆中竖插适当数量的通气管。

e. 盖严：堆置好的料为防止散热和保持一定水分，上面覆盖草帘或旧麻袋等。

f. 翻好：含水量超过65%时必须进行翻堆，检查方法是用湿度计或用一根长的铁棍插入堆中，停放5分钟后，拔出用手试。含水量低于45%时进行泼水加湿，检查方法是用一根长的铁棍插入堆中，观察铁棍插入部分表面的干湿状况。堆肥开始第1周每3天翻1次堆，之后每周翻1次，堆肥10天以后湿度缓慢下降，之后湿度基本趋于恒定，经过20～25天进行翻堆1次，把外层翻到中间，把中间翻到外边，根据需要加适量粪尿水重新堆积，促进腐熟。重新堆积后，再过20～30天，原材料已近黑、烂、臭的程度，表明已基本腐熟。

⑦ 产品后加工。

a. 过筛：产品发酵成熟后，用振动筛过筛一次，除去杂质。

b. 干燥：快速干燥，含水量为15%以下，晒干、风干均可，但不可用高于60℃的温度进行烘干，防止杀死有益微生物和酶。

c. 制粒：发酵料粉碎到80目后，加入10%的80%目腐植酸及100目5%～10%膨润土制粒。

d. 湿造粒：除以上工艺外也可以在含水量40%情况下造粒。

e. 检验：堆肥成品要经过检验合格后方可入库保存，主要检验堆肥成品的养分和卫生情况。

f. 储存：堆肥成品入库保存时每一批都要做好标识，分批堆放，堆高要小于1.5米，并防止受潮变质。

6.5.2　羊场粪污的能源化

羊场粪污的能源化利用就是通过厌氧发酵产生沼气，为生产生活提供能源。沼气发酵是固体废弃物中的有机质在缺氧的条件下，通过厌氧菌的生命活动（生物化学反应）而被分解成较小的有机质并放出能量的过程，是实现农业废弃物资源化利用、改善环境、保护人类健康、促进生态农业建设的有效途径之一。

（1）羊粪进行沼气发酵的特点

优点：发酵周期较长、产气量大、甲烷含量高、硫化氢含量低。

缺点：产气相对滞后，微生物分解纤维素、半纤维素的速度较慢，发酵过程中羊粪不易下沉，发酵25天后仍有20%左右的羊粪漂浮在发酵液上面，没有被充分降解利用。

在实际应用中应与其他畜禽粪便配合使用，尤其是与猪粪在干物质配比1∶1的情况下能发挥最大利用率。

（2）沼气发酵原理

羊粪沼气发酵原理见图6-16。

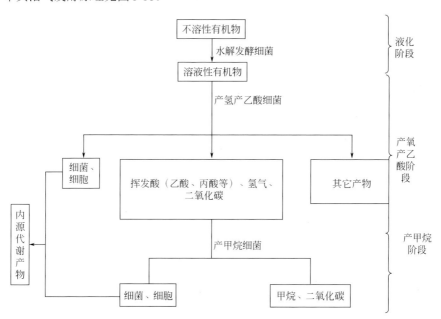

图6-16　羊粪沼气发酵原理（詹迎谷 供图）

（3）沼气发酵池的种类

① 按储气方式：水压式、浮罩式、气袋式。

② 按几何形状：圆筒形、球形、椭球形等多种形状。

③ 按发酵机制：常规型、污泥滞留型、附着膜型。

④ 按埋设位置：地下式、半埋式、地上式。

⑤ 按建池材料：砖结构池、混凝土结构池、钢筋混凝土结构池、塑料池等。

（4）沼气池种类选择与建造

① 沼气池池型的选择。建造沼气池先要了解各种沼气池型的布料状况，因为布料均匀是提高沼气产气量的重要途径；其次要了解池型的日常管理操作是否方便，特别是排渣清淤是否容易；另外，要根据家庭人口和饲养畜禽的数量等情况来确定沼气池的建造。

② 建池时间的选择。

a. 气温较高的春夏季建池较好。沼气池的发酵速度、产气率与温度变化呈正相关。春夏季（即上半年）气温逐渐升高，沼气池中厌氧细菌逐渐活跃，沼气池发酵旺盛，新池发酵启动比较快，产气率较高；秋冬季（即下半年）由于气温由高向低递降，发酵进程由旺盛转缓慢。从季节气温的升降规律来看，选择气温较高的春夏季节建池较好。

b. 低洼地区选择下半年建池较好。从春夏和秋冬季节的降雨和地下水位升降的规律来看，前者雨水较多，地下水位较高，低洼地区建地有一定的困难，而秋冬季节恰恰相反，所以，低洼地区多选择在下半年建池。

c. 综合以上分析，选择上半年建池比较合适，但地下水位较高地区、村落，宜采用分期施工的方法，即在上半年搞好预制件，下半年挖坑建池。

③ 施工方法的选择。农村家用沼气的常用施工方法有预制件施工法和混凝土现浇施工法两种。

a. 预制件施工是农村建造沼气池的常用做法。该方法具有节约成本，主池体各部位厚薄一致，受力均匀，抗压抗拉性能好，可分段施工、缩短地下部分建池时间及利于地下水位高的地区抓紧时间抢建优点。

b. 混凝土现浇施工往往会因开挖土坑和校模不准而造成池墙厚薄不一样，难免出现堆型规范不一，质量难以保证的现象。

实践证明，在地下水位高的地区使用该法施工要比预制件施工难得多，因此，建造农村家用沼气池，预制件施工法要比混凝土现浇施工法更胜一筹。

（5）羊粪沼气发酵产品利用

① 沼气的综合利用。沼气发电、沼气照明、炊事。

在种植业上用于大棚增温、提供二氧化碳、沼气育秧、沼气炒茶等。在养殖业上用于育雏、诱蛾养鱼等。其他方面如沼气保鲜、沼气储粮等。

② 沼液的综合利用。沼液在种植业中的应用：沼液浸种、沼液叶面喷洒、沼液水培蔬菜、果园沼液滴灌。

③ 沼渣的综合利用。作肥料，与其他肥料配合使用，栽培蘑菇，养殖蚯蚓等。

（6）羊场粪污沼气发酵系统管理

① 原料管理。选好原料，做好原料预处理，防止剧毒农药杀菌剂、抗生素、驱虫药、重金属化合物、含有毒物质的工业废水进入发酵池。

② 发酵管理。经常检测 pH，控制发酵浓度，经常搅拌池内发酵原料。

③ 进出料管理。每 5 ～ 6 天加料一次，每次加料量占发酵料液 3% ～ 5%。先出料，再进料，出多少，进多少。大出料前 20 天左右停止进料。备足新的发酵原料。保留 20% ～ 30% 含大量沼气细菌的活性污泥，作为菌种。大出料应在温度高的夏秋季节进行，不宜在低温季节，特别是不宜在冬季进行，因为在低温下大出料，沼气池很难再启动。大出料后，迅速检修沼气池。

④ 冬季管理。入冬前彻底搅拌一次，保温加膜。

（7）安全管理

① 沼气池的出料口要加盖，防止人、畜掉进池内造成伤亡，经常检查输气系统，防止漏气着火。严禁在沼气池出料口或导气管点火，使用防爆灯，不用油灯、火柴、打火机等。

② 入池维修时做火油试验，安全后进入。

③ 要经常观察压力表上水柱的变化，当沼气池产气旺盛，池内压力过大时，要立即用气和放气，以防胀坏气箱，冲开池盖。如池盖一旦被冲开，要立即熄灭沼气池附近的明火，以免引起火灾。

④ 加料入池，如数量较大，应打开开关，慢慢地加入。一次出料较多，压力表水柱下降到 0 时，打开开关，以免产生负压过大而损坏沼气池。

6.5.3　羊场粪污的饲料化

① 加工后的羊粪引入蚯蚓进行繁殖。此项技术不断成熟，在养殖业将有很好的经济效益。生产的蚯蚓可以加工成肉粉，用于生产强化谷物配合饲料和全价饲料或直接用于鸡、鸭和猪的饲喂料中。

② 用作动物饲料。羊粪经过晒干、灭菌、除虫、去臭等一系列处理后，可作为其他动物饲料，如猪、鱼等的饲料，在喂料中以不超过 20% 为宜。

③ 羊粪养殖藻类。藻类能将羊粪的氮转化为蛋白质，而藻类可用作饲料。

第**7**章

羊常见疾病诊断与防治

7.1　羊病概述

7.1.1　羊病的病因和分类

（1）羊病的病因

羊病的发生原因一般可分为两大类：一是外界致病因素；二是内部致病因素。

① 外界致病因素　外界致病因素是指存在于外界环境中的各种致病因素，主要有生物性致病因素、化学性致病因素、物理性致病因素、机械性致病因素、营养性和管理性因素五大类。

a. 生物性致病因素。指致病的微生物和寄生虫，包括细菌、真菌、支原体、衣原体、螺旋体、病毒和寄生虫等。生物性致病因素是危害养羊业最主要的一类致病因素，可引起传染病和寄生虫病。

b. 化学性致病因素。主要有强酸、强碱、重金属盐类、农药、化学毒物、氨气、一氧化碳、硫化氢等化学物质，可引起中毒性疾病。

c. 物理性致病因素。指高温、低温、电流、光照、噪声、气压、湿度和放射线等因素，这些因素达到一定强度或作用时间较长时，都可使机体发生物理性损伤。

d. 机械性致病因素。所谓机械性因素就是打、压、刺、钩、咬等各种机械力，它们都可以引起羊的机体发生损伤。

e. 营养性和管理性因素。由于饲养管理不当和饲料中各种营养物质不平衡（营养不足或过剩），引起羊病的发生。

② 内部致病因素　即羊病发生的内因，主要是指羊体对外界致病因素的感受性和羊

体对致病因素具有的抵抗力。既与机体各器官的结构、功能和代谢特点及防御机构的功能状态有关，也与机体一般特性，即羊的品种、年龄、性别、营养状态、免疫状态等个体反应有关。

a.品种差异。由于羊的品种不同，对同种致病因素的反应也有差别，如绵羊易感染巴氏杆菌，而山羊则不易感染；绵羊比山羊易感羊快疫。

b.年龄差异。一般幼年羊和老年羊的抵抗力较弱，成年羊的抵抗力较强，所以有些羊病与年龄大小有很大关系。如羔羊易感染大肠杆菌，发生羔羊白痢；而羊黑疫多发于2～4岁、膘性较好的羊。

c.性别差异。不同性别的羊，对某些疾病有不同的感受性，如母羊比公羊更易得布鲁氏菌病。

d.营养差异。营养不良的羊，对疾病的感受性明显增强，因为营养状态与机体抵抗损伤的能力有密切关系。

e.免疫状态差异。免疫能有效地抵御病原微生物的侵袭，防止传染病的发生。因此，羊体免疫状态不同，对同一种病原的抵抗力也不同。如经过免疫接种羊快疫疫苗的羊，就比未接种过的羊对羊快疫病原的抵抗力强，不易得羊快疫。

任何羊病的发生，都不是单一原因引起的，而是外因和内因相互作用的结果。

在养羊生产中，必须加强对羊的饲养管理，做好预防接种工作，以提高机体的抵抗力和健康水平。同时，也要做好环境卫生和清洁消毒工作，以便消除外界致病因素的致病作用。

（2）羊病的分类

为了便于认识羊病和有针对性采取有效的防治措施，常将羊病进行分类。根据羊病发生的原因，可将羊病分为传染病、寄生虫病和普通病三种。

① 传染病　传染病是指由病原微生物侵入机体，并在体内生长繁殖而引起的具有传染性的疾病。传染病在羊病中是最重要的一类疾病，而且临床上也最多见，一旦发生，常可造成严重的经济损失。传染病的病因是各种病原微生物，包括病毒、细菌、支原体、真菌、螺旋体和衣原体等。这些致病因素引起的疾病包括以下几类。

a.病毒引起的疾病。常见的有口蹄疫、羊传染性脓疱、羊痘、羊狂犬病、蓝舌病、梅迪-维斯纳病、绵羊肺腺瘤病等。

b.细菌引起的疾病。常见的有羊炭疽、破伤风、羊布鲁氏菌病、羊李氏杆菌病、羊副结核病、羔羊大肠杆菌病、坏死杆菌病、羊快疫、羊肠毒血症、羊猝狙、羊黑疫等。

c.支原体引起的疾病，如羔羊支原体病。

d.衣原体引起的疾病，如羊衣原体病。

e.真菌引起的疾病，如山羊皮肤霉菌病。

② 寄生虫病　寄生虫病是指寄生虫侵入体内或侵害体表而引起的疾病。当寄生虫寄

生于羊体时，通过虫体对羊的器官、组织造成机械性损伤，掠夺营养或产生毒素，使羊消瘦、贫血、生产性能下降，严重者可导致死亡。常见的寄生虫病有以下几类。

a. 蠕虫病，如肝片吸虫病、双腔吸虫病、前后盘吸虫病、阔盘吸虫病等。

b. 外寄生虫病，如硬蜱病、螨病、羊鼻蝇蛆病等。

c. 原虫病，如羊梨形虫病、弓形虫病、羊球虫病等。

③ 普通病　是指由非生物性致病因素引起的疾病。引起羊普通病的常见病因有创伤、冻伤、高温、化学毒物、毒草和营养缺乏等。临床上比较重要且常见的病有以下几类。

a. 消化系统疾病，如口炎、食管阻塞、前胃弛缓、瘤胃积食、急性瘤胃臌气（胀气）、瓣胃阻塞、创伤性网胃炎及心包炎、胃肠炎等。

b. 呼吸系统疾病，如感冒、肺炎等。

c. 营养代谢性疾病，如维生素A缺乏症、佝偻病、食毛症、酮尿病、羔羊白肌病等。

d. 中毒性疾病，如氢氰酸中毒、有机磷中毒、过食精料中毒、绵羊棉酚中毒、尿素中毒、醉马草中毒、慢性氟中毒、蛇毒中毒等。

e. 外产科疾病，如流产、难产、阴道脱出、胎衣不下、生产瘫痪、子宫炎、乳腺炎、创伤等。

7.1.2　羊病的临床诊断

（1）群体检查

① 运动时的检查。首先，观察羊只的精神外貌和姿态步样，健康的羊精神活泼、步态稳、不离群、不掉队，而病羊多精神不振，沉郁或兴奋不安，步态踉跄、跛行，前肢软弱跪地或后肢麻痹，有时突然倒地发生痉挛等。应将其挑出做个体检查。其次，注意观察羊的天然孔及分泌物，有时鼻孔周围有脏土杂物，眼角附着脓性分泌物，嘴角流出唾液，发现这样的羊只时，应将其挑出复检。

② 休息时的观察。首先，有顺序地并尽可能逐只观察羊的站立和躺卧姿态。健康的羊只吃饱后多合群卧地休息，时而进行反刍，当有人接近时常起身离去。病羊常独自站立一侧，肌肉震颤及痉挛，或离群单卧，长时间不见其反刍，有人接近也不动。其次，与运动时的检查一样，要注意观察羊的天然分泌物及呼吸状态等。

再次，注意被毛的状态，如发现有被毛脱落，无毛部位有痘疹或痂皮的羊只，或是有磨牙、咳嗽、打喷嚏的羊只时，均应该挑出来检查。

③ 放牧、饲喂或饮水时的观察。健康的羊只，在放牧时多走在前头，边走边吃草；饲喂时也多抢着吃；饮水时，多迅速奔向饮水处，争先喝水。病羊吃草时，多落在后面，时吃时停，或离群停立不吃草；饮水时，或不喝或暴饮，如果发现这样的羊只，应挑出复检。

（2）个体检查

临床诊断法是诊断羊病最常用的方法。通过问诊、视诊、嗅诊、切诊（触诊、听诊、叩诊），综合起来加以分析，可以对疾病做出初步诊断。

① 问诊是通过询问畜主，了解羊发病的有关情况，包括发病时间、发病头数、病前病后的表现、病史、治疗情况、免疫情况、饲养管理及羊的年龄等情况进行分析。

② 视诊（望诊）是观察病羊的表现，包括羊的肥瘦、姿势、步态及羊的被毛、皮肤、黏膜、粪尿等。

a. 肥瘦：一般急性病，如急性膨胀、急性炭疽等病羊身体仍然肥壮；相反，一般慢性病如寄生虫病等，病羊身体多瘦弱。

b. 姿势：观察病羊一举一动，找出病的部位。

c. 步态：健康羊步伐活泼而稳定。如果羊患病，常表现行动不稳，或不喜行走。当羊的四肢肌肉、关节或蹄部发生疾病时，则表现为跛行。

d. 被毛和皮肤：健康羊的被毛平整而不易脱落，富有光泽。在病理状态下，被毛粗乱蓬松，失去光泽，而且容易脱落。患螨病的羊，被毛脱落，同时皮肤变厚变硬，出现蹭痒和擦伤。还要注意有无外伤等。

e. 黏膜：健康羊可视黏膜光滑粉红色。若口腔黏膜发红，多半是由于体温升高，身体有炎症。黏膜发红并带有红点、血丝或呈紫色，是由于严重的中毒或传染病引起的。黏膜苍白色，多患贫血病；黏膜黄色，多患黄疸病；黏膜蓝色，多为肺脏、心脏患病。

f. 采食饮水：羊的采食、饮水减少或停止，首先要查看口腔有无异物、有无口腔溃疡、舌有无烂伤等。反刍减少或停止，往往是羊的前胃疾病。

g. 粪尿：主要检查其形状、硬度、色泽及附着物等。粪便过干，多为缺水和肠弛缓；过稀，多为肠机能亢进；混有黏液过多，表示肠黏膜卡他性炎症；含有完整谷粒，表示消化不良；混有纤维素膜时，表示为纤维素肠炎。还要认真检查是否含有寄生虫及其节片。排尿痛苦、失禁，表示泌尿系统有炎症、结石等。

h. 呼吸：呼吸次数增多，常见于急性病、热性病、呼吸系统疾病、心衰，贫血及腹压升高等；呼吸次数减少，主要见于某些中毒、代谢障碍昏迷。

③ 嗅诊是嗅闻分泌物、排泄物、呼出气体及口腔气味。肺坏疽时，鼻液带有腐败性恶臭；胃肠炎时，粪便腥臭或恶臭；消化不良时，呼气酸臭等。

④ 触诊是用手感触被检查的部位，并加压力，以便确定被检查的各器官组织是否正常。

a. 体温：用手摸羊耳朵或插进羊嘴里握住舌头，检查是否发热，再用体温计测量。高温，常见于传染病。

b. 脉搏：注意每分钟跳动次数和强弱等。

c. 体表淋巴结：当羊发生结核病、伪结核病、羊链球菌病时，体表淋巴结往往肿大，其形状、硬度、温度、敏感性及活动性等都会发生变化。

⑤听诊是利用听觉来判断羊体内正常的和有病的声音（须在安静的地方进行）。

a.心脏：心音增强，见于热性病的初期；心音减弱，见于心脏功能障碍的后期或渗出性胸膜炎、心包炎；第二心音增强，见于肺气肿、肺水肿、肾炎等病理过程中。听到其他杂音，多为瓣膜疾病、创伤性心包炎、胸膜炎等。

b.肺脏。

肺泡呼吸音：过强，多为支气管炎、黏膜肿胀等；过弱，多为肺泡肿胀、肺泡气肿、渗出性胸膜炎等。

支气管呼吸音：在肺部听到，多为肺炎的肝变期，见于羊的传染性胸膜肺炎等病。

啰音：分干啰音和湿啰音。干啰音甚为复杂，有嗞嗞声、笛声、口哨声及猫叫声等，多见于慢性支气管炎、慢性肺气肿、肺结核等。湿啰音似含漱音、沸腾音或水泡破裂音，多发生于肺水肿、肺充血、肺出血、慢性肺炎等。

捻发音：多发生于慢性肺炎、肺水肿等。

摩擦音：多发生在肺与胸膜之间，多见于纤维素性胸膜炎、胸膜结核等。

c.腹部：主要听取腹部胃肠运动的声音。前胃弛缓或存在发热性疾病时，瘤胃蠕动音减弱或消失。肠炎初期，肠音亢进；便秘时，肠音消失。

⑥叩诊的音响有清音、浊音、半浊音、鼓音。清音，为叩诊健康羊胸廓所发出的持续、高而清的声音。浊音，当羊胸腔积聚大量渗出液时，叩打胸壁出现水平浊音。半浊音，羊患支气管肺炎时，肺泡含气量减少，叩诊呈半浊音。鼓音，若瘤胃臌气，则鼓音增强。

7.1.3　羊病的病理剖检

病理剖检是羊病现场诊断比较重要的一种诊断方法。羊发生传染病、寄生虫病或中毒性疾病时，器官和组织常呈现特征性病理变化，通过剖检，就可迅速做出诊断。如羊患炭疽时，表现尸僵不完全，迅速腐败、膨胀，全身出血，血呈黑色，凝固不良，脾脏肿大2～5倍，淋巴结肿大等。羊患肠毒血症时，除肠道黏膜出血或溃疡外，肾脏常软化如泥。山羊患传染性胸膜肺炎时，肺实质发生肝变，切面呈大理石样变化。羊患肝片吸虫病时，肝管常肥厚扩张，呈绳索状，突出于肝的表面，胆管内膜粗糙不平等。在实践中，有条件应尽可能剖检病羊尸体，必要时可剖杀典型病羊。除肉眼观察外，必要时采取病料，进一步做病理组织学检查。

7.1.4　羊病的实验室诊断

实验室诊断是羊病综合诊断的重要诊断方法之一。其主要内容包括病料的采集、保存、包装和运送；细菌学检查；病毒学检查；寄生虫学检查及病理学检查等内容。其是在流行病学调查、临床诊断及病理部检查等初步诊断的基础上进行的，是最后确诊的重要手段。

7.2 羊场常用药物与治疗技术

7.2.1 兽药主要类型

（1）按药物剂型分类

兽药是指用于预防、治疗和诊断家畜、家禽、鱼类、蜜蜂、蚕以及其他人工饲养的动物疾病，有目的地调节其生理机能并规定作用、用途、用法、用量的物质（包括饲料添加剂）。

按照兽药剂型分类，兽药包括以下三大类：

① 血清、菌苗（疫苗）、诊断液等生物制品。

② 兽用的中药材、中成药、化学原料药及其制剂。

③ 抗生素、生化药品、放射性药品。

常用兽药的分类：抗菌药物、抗病毒药物、抗寄生虫药物等。

抗菌药物分为抗生素和合成抗菌药两类。

抗生素就是微生物产生的代谢产物，这种代谢产物对其他的某些微生物有抑制生长或杀灭作用。

抗生素通常分为8类：

① 青霉素类：青霉素（钠、钾）、普鲁卡因青霉素、氨苄西林、阿莫西林等。

② 头孢菌素类(先锋霉素类)：头孢氨苄、头孢羟氨苄、头孢噻呋、先锋霉素V等。

③ 氨基糖苷类：链霉素、庆大霉素、卡那霉素、阿米卡星、新霉素、安普霉素等。

④ 大环内酯类：红霉素、罗红霉素、泰乐菌素等。

⑤ 四环素类：土霉素、多西环素、金霉素、四环素等。

⑥ 氯霉素类：氟苯尼考、甲砜霉素等。

⑦ 林可霉素类：林可霉素、克林霉素等。

⑧ 喹诺酮类：环丙沙星、恩诺沙星。

合成抗菌药就是人们通过化学合成手段制作的抗菌物质，不是由微生物代谢产生的。

（2）按照兽药功效分类

按照兽药作用分类，兽药主要分为11类：

① 抗微生物药：主要为抗生素类药物。

② 驱虫药：主要有左旋咪唑、阿苯达唑、吡喹酮、阿维菌素以及硝氯酚等。

③ 作用于消化系统的药物：主要包括健胃药、促反刍药及制酵药，如胃蛋白酶、干酵母、鱼石脂、龙胆酊等；泻药、止泻药及解痉药，如硫酸镁、液体石蜡、鞣酸蛋白等。

④ 作用于呼吸系统的药物：如氯化铵、复方甘草片等。

⑤ 作用于泌尿、生殖系统的药物：如利尿酸、乌洛托品、绒毛膜促性腺激素、黄体酮、催产素等。

⑥ 作用于心血管系统的药物：安钠咖、安络血、止血敏注射液等。

⑦ 镇静与麻醉药：乙醇、盐酸氯丙嗪、静松灵、盐酸普鲁卡因等。

⑧ 解热镇痛抗风湿药：氨基比林、安痛定、安乃近等。

⑨ 体液补充剂：葡萄糖、氯化钠、氯化钙、葡萄糖酸钙、碳酸氢钠等。

⑩ 解毒药：阿托品、碘解磷定等。

⑪ 消毒药及外用药：碘酊、新洁尔灭、高锰酸钾、过氧化氢溶液、甲紫、氢氧化钠、氧化钙、碘伏、漂白粉等。

7.2.2 兽药配伍禁忌

兽药配伍禁忌见表7-1。

表7-1 兽药配伍禁忌

类别	药物	配伍药物	结果
青霉素类	青霉素、氨苄西林、阿莫西林	硫酸卡那霉素、土霉素、维生素C、碳酸氢钠、氢化可的松	理化失效
		磺胺类、氟苯尼考、泰乐菌素、替米考星、多西环素、四环素	降低疗效
		克拉维酸、甲氧苄啶、喹诺酮类等	增强疗效
		葡萄糖注射液	不宜混合静滴
头孢菌素类	头孢噻呋	氨茶碱、磺胺类、多西环素、氟苯尼考	分解失效
		新霉素、庆大霉素、喹诺酮类、硫酸黏菌素	增强疗效
氨基糖苷类	硫酸新霉素、庆大霉素、卡那霉素、链霉素	同类药物、头孢类、碳酸氢钠、氨茶碱、多黏菌素、甘露醇、右旋糖酐	毒性增强
		青霉素类、多西环素、四环素、维生素C、甲氧苄啶	降低疗效
四环素类	四环素、金霉素、土霉素、多西环素	同类药物、泰乐菌素、甲氧苄啶、黏菌素	增强疗效
		含金属离子药物、碳酸氢钠、氨茶碱	降低疗效
氯霉素类	氟苯尼考	多西环素、新霉素、硫酸黏菌素	增强疗效
		青霉素、阿莫西林、氨苄西林、头孢类、泰乐菌素、替米考星、林可霉素、泰妙菌素、喹诺酮类	疗效降低、拮抗
		卡那霉素、磺胺类、链霉素、叶酸、维生素B_{12}	毒性增强
大环内酯类	泰乐菌素、替米考星	新霉素、庆大霉素	疗效增加
		维生素C、头孢类、青霉素、林可霉素、氟苯尼考	降低疗效
		卡那霉素、磺胺类、氨茶碱	毒性增强

类别	药物	配伍药物	结果
多黏菌素类	硫酸黏菌素	阿托品、新霉素、庆大霉素、林可霉素	毒性增强
		多西环素、氟苯尼考、替米考星、喹诺酮类、金霉素、杆菌肽锌、阿莫西林	疗效增加
磺胺类	磺胺二甲氧嘧啶、磺胺嘧啶钠、磺胺五甲氧嘧啶等	甲氧苄啶、新霉素、庆大霉素、卡那霉素	疗效增加
		头孢类、青霉素类、维生素类、普鲁卡因、四环素类、盐酸麻黄碱、碳酸氢钠、氯化钙	降低疗效
		氟苯尼考、泰乐菌素、替米考星	毒性增强
喹诺酮类	环丙沙星、恩诺沙星	多西环素、氟苯尼考、氨茶碱	降低疗效
		含铝离子、钙离子、铁离子等多价阳离子制剂（氢氧化铝、乳酸钙）、林可霉素、磺胺类	形成络合物，难溶
		氨苄西林、阿莫西林、链霉素、新霉素、庆大霉素、磺胺类	疗效增加
茶碱类	氨茶碱	含铝离子、铁离子、钙离子等多价阳离子制剂（氢氧化铝、乳酸钙）	形成络合物，难溶
		维生素C、多西环素、盐酸肾上腺素等酸性药物	浑浊失效
		喹诺酮类	降低疗效

7.2.3　合理用药原则

按照细菌生长期和抑菌效率，目前通常将抗生素分为四大类。

第一类是繁殖期杀菌剂：在细菌的大量、高速繁殖阶段作用最好，而且起的是杀灭细菌的作用，通常包括青霉素类、头孢菌素类。

第二类是静止期杀菌剂：在细菌的繁殖相对不活跃的阶段作用最好，而且起的是杀灭细菌的作用，通常包括氨基糖苷类、其他类中的黏菌素等。

第三类是快速抑菌剂：该类药物能迅速抑制细菌的生长繁殖，即能放慢细菌生长繁殖的速度，使单个细菌的生长繁殖周期大大延长。但并不能直接杀死细菌，通常包括氯霉素类、大环内酯、四环素类、林可霉素类等。

第四类是慢效抑菌剂：该类药物能缓慢地抑制细菌的生长繁殖，通常包括磺胺类药物和增效剂甲氧苄啶等。

一般来说：

① 第一类和第二类配伍可获得协同作用（即增效作用）。

② 第二类和第三类、第四类联用，常常可以获得协同和相加作用。

③ 第三类和第四类配伍可产生相加作用（即效果增强）。

④ 第一类和第三类配伍可出现拮抗作用（即效果降低）。

⑤ 第一类和第四类配伍可出现拮抗作用（即效果降低）。

⑥ 氟喹诺酮类药物同时兼具第一类和第二类属性，所以其与第一类、第二类药物以及部分第三类、第四类联合应用都有协同作用。如恩诺沙星+阿莫西林，恩诺沙星+林可霉素。

⑦ 同一类的抗生素联用有的增加疗效，有的降低疗效。

协同作用如：氟苯尼考+多西环素，泰妙菌素+金霉素，泰乐菌素+土霉素。

不宜联用如：链霉素、庆大霉素、卡那霉素等不宜联用，否则将增强耳、肾毒性；氟苯尼考、大环内酯类、林可霉素类、泰乐菌素作用机理相同，它们之间不能联用。

7.2.4 日常必备药品

羊场日常必备药品主要分为四大类：消毒药、兽药、驱虫药及疫苗，见表7-2。

表7-2 羊场日常必备药品

类别	通用名称
消毒药	月苄三甲氯铵溶液
	二氯异氰尿酸钠粉
	聚维酮碘溶液
	过氧乙酸
	氢氧化钠
	戊二醛癸甲溴铵溶液
	乙醇消毒液
	过氧化氢溶液
	甲紫溶液
	高锰酸钾
兽药	注射用青霉素钠
	注射用氨苄西林钠
	盐酸普鲁卡因注射液
	注射用链霉素
	头孢噻呋钠
	硫酸庆大霉素注射液
	注射用硫酸卡那霉素
	盐酸林可霉素注射液
	氟苯尼考注射液
	磺胺嘧啶钠注射液
	恩诺沙星注射液
	土霉素注射液
	安乃近
	柴胡注射液
	安痛定注射液
	黄芪多糖注射液
	板蓝根注射液
	复方穿心莲注射液
	双黄连口服液
	鱼腥草注射液

类别	通用名称
兽药	樟脑磺酸钠注射液
	地塞米松磷酸钠注射液
	缩宫素注射液
	氯前列烯醇注射液
	葡萄糖酸钙
	右旋糖酐铁注射液
	维生素 C 注射液
	维生素 B_1 注射液
	维生素 B_{12} 注射液
	复合维生素 B 注射液
	维生素 D_2 胶性钙
	亚硒酸钠维生素 E 注射液
	氯化钠注射液
	亚硫酸钠维生素预混剂
	葡萄糖注射液
	葡萄糖氯化钠注射液
	碳酸氢钠注射液
	电解多维
	健胃散
驱虫药	蚊蝇灭
	阿苯达唑片
	吡喹酮片
	伊维菌素注射液
	阿苯达唑、伊维菌素粉剂
疫苗	羊梭菌病多联干粉灭活疫苗
	羊传染性胸膜肺炎疫苗（C87-1）
	口蹄疫 O 型、A 型二价灭活苗
	小反刍兽疫、山羊痘二联活疫苗

7.2.5　羊病的治疗技术

根据药物的种类、性质、使用目的以及动物的饲养方式，选择适宜的用药方法。临床上一般采用以下给药方法。

（1）口服给药

口服给药方法简便，适合大多数药物，可发挥药物在胃肠道的作用，如肠道抗菌药、驱虫药、制酵药、泻药等常常采用口服；有的生物制品口服后，反应轻微，亦在临床上应用。口服给药的缺点是药物受胃肠内容物影响较大，吸收不完全，显效慢；有些药物在未吸收前，可因胃肠酸碱度和消化酶的影响而被破坏，如青霉素；刺激性大的药物，可损伤胃肠道黏膜；草食动物口服广谱抗生素（如土霉素），还易引起胃肠道内菌群失调和二重感染，也须慎重。另外在病情危急、昏迷、呕吐时也不能随便口服药物。

常用的口服方法有灌服、饮水、混到饲料中喂服、舔服等，应在饲喂前服用的药物有苦味健胃药、收敛止泻药、胃肠解痛药、肠道抗感染药、利胆药；应在空腹或半空腹服用的药物有驱虫药、盐类泻药；刺激性强的药物应在饲喂后服用。

（2）胃管给药

口腔插入
胃管视频

胃管给药有两种方法，一是经鼻腔插入，二是经口腔插入（参见视频）。

胃管插入正确后，即可接上漏斗灌药。药液灌完后，再灌少量清水，然后取掉漏斗，用嘴吹气，或用橡皮球打气，使胃管内残留的液体完全入胃，用拇指堵住胃管口，或折叠胃管，慢慢抽出。该法适用于灌服大量水剂及有刺激性的药液。患咽炎、咽喉炎或咳嗽严重的病羊，不可用胃管灌药。

（3）注射给药

注射给药将各种注射剂型的药液，使用注射器或输液器，注入羊的体内。注射前应将注射器和针头等用清水冲洗干净，煮沸30分钟消毒后方可使用，或用一次性器具。

注射给药方式主要有皮内注射、皮下注射、肌内注射、静脉注射、气管注射和瘤胃穿刺注射。

（4）灌肠

羊一般采取站立保定，配好的灌肠液应与体温一致，盛于盆内。选用小型胃管或一端磨圆的橡皮管，前端涂上凡士林或植物油插入直肠内，另一端接上漏斗，加入灌肠液后，举高漏斗以增大灌肠液的压力，使其压入直肠内。灌肠完毕后一只手压住肛门和尾根，另一只手的手指掐压羊的腰荐部，以防药液的流出，停留一段时间后，再松手拔出橡皮管。

（5）皮肤、黏膜给药

通过皮肤和黏膜吸收药物，使药物在局部或全身发挥治疗作用。常用的给药方法有滴鼻、点眼、刺种、毛囊涂擦、皮肤局部涂擦、埋植等。刺激性强的药不宜用于黏膜给药。

（6）药浴

药浴的目的是预防和治疗羊体外寄生虫病，如疥癣、羊虱等。根据药液利用方式不同，可分为池浴、淋浴、盆浴三种药浴方式。池浴、淋浴在羊较多的地区比较普遍，盆浴多在羊数量较少的情况下采用。

7.3.1 口蹄疫

口蹄疫是由口蹄疫病毒引起的偶蹄类动物共患的急性、热性、高度接触性传染病。其临床特征是患病动物口腔黏膜、蹄部和乳房发生水疱和溃疡，在民间俗称"口疮""蹄癀"。

① 病原　口蹄疫病毒属微RNA病毒科口疮病毒属。病毒具有多型性和变异性，根据抗原的不同，可分为O型、A型、C型、亚洲Ⅰ型、南非Ⅰ型、南非Ⅱ型、南非Ⅲ型等7个不同的血清型和65个亚型，各型之间均无交叉免疫性。口蹄疫病毒具有较强的环境适应性，耐低温，不怕干燥。该病毒对酚类、酒精、氯仿等不敏感，但对日光、高温、酸碱的敏感性很强。常用的消毒剂有1% ～ 2%的氢氧化钠、30%的热草木灰、1% ～ 2%的甲醛、0.2% ～ 0.5%的过氧乙酸、4%的碳酸氢钠溶液等。

② 流行特点　该病主要侵害偶蹄类动物，如牛、羊、猪、鹿、骆驼等，其中以猪、牛最为易感；其次是绵羊、山羊和骆驼等。人也可感染此病。病畜和带毒动物是该病的主要传染源，痊愈家畜可带毒4 ～ 12个月。病毒在带毒畜体内可产生抗原变异，产生新的亚型。本病主要靠直接和间接接触性传播，消化道和呼吸道传染是主要传播途径，也可通过眼结膜、鼻黏膜、乳头及伤口感染。空气传播对本病的快速大面积流行起着十分重要的作用，常可随风散播到50 ～ 100千米外发病，故有顺风传播之说。

③ 临床症状　羊感染口蹄疫病毒后一般经过1 ～ 7天的潜伏期出现症状。病羊体温升高，初期体温可达40 ～ 41℃，精神沉郁，食欲减退或拒食，脉搏和呼吸加快。口腔、蹄、乳房等部位出现水疱、溃疡和糜烂。严重病例可在咽喉、气管、前胃等部位的黏膜上发生圆形烂斑和溃疡，上面覆盖黑棕色痂块。绵羊蹄部症状明显，口黏膜变化较轻。山羊症状多见于口腔，呈弥漫性口黏膜炎，水疱见于硬腭和舌面，蹄部病变较轻。病羊水疱破溃后，体温即明显下降，症状逐渐好转。

④ 病理变化　除口腔、蹄部的水疱和烂斑外，病羊消化道黏膜有出血性炎症，心肌色泽较淡，质地松软，心外膜与心内膜有弥散性及斑点状出血，心肌切面有灰白色或淡黄色、针头大小的斑点或条纹，如虎斑，称为"虎斑心"，以心内膜的病变最为显著。

⑤ 诊断　本病根据流行病学及临床症状，不难做出诊断，但应注意与羊传染性脓疱病、羊痘、蓝舌病等进行鉴别诊断，必要时可采取病羊水疱皮或水疱液、血清等送实验室进行确诊。

实验室诊断方法：采取病羊水疱皮或水疱液进行病毒分离鉴定。取得病料后，用磷酸盐缓冲液（PBS液）制备混悬浸出液做乳鼠中和试验，也可用标准阳性血清做补体结合试验或微量补体结合试验；同时也可以进行定型诊断或分离鉴定，用康复期的动物血清对VIA抗原做琼脂扩散试验、免疫荧光抗体试验等鉴定毒型。

⑥防治措施　本病发病急、传播快、危害大，必须严格搞好综合防治措施。

要加强检疫，不从疫区引进偶蹄动物及产品；按照国家规定实施强制免疫，特别是种羊场、规模饲养场（户）必须严格按照免疫程序实施免疫。

一旦发生疫情，要遵照"早、快、严、小"的原则，严格执行封锁、隔离、消毒、紧急预防接种、检疫等综合扑灭措施。"早"即早发现、早扑灭，防止疫情的扩散与蔓延；"快"即快诊断、快通报、快隔离、快封锁；"严"即严要求、严对待、严处置，疫区的所有病羊和同群羊要全部扑杀并做无害化处理；"小"即适当划小疫区，便于做到严格封锁，在小范围内消灭口蹄疫，降低损失。疫区内最后1头病羊扑杀后，要经一个潜伏期的观察，再未发现新病羊时，经彻底消毒，报有关单位批准后，才能解除封锁。

7.3.2　小反刍兽疫

小反刍兽疫俗称羊瘟，又名小反刍兽假性牛瘟、肺肠炎、口炎肺肠炎复合症，一类传染病，是由小反刍兽疫病毒引起的一种急性病毒性传染病，主要感染小反刍动物，以发热、口炎、腹泻、肺炎为特征。

①病原　小反刍兽疫病毒属副黏病毒科麻疹病毒属，与牛瘟病毒有相似的物理化学及免疫学特性。病毒呈多形性，通常为粗糙的球形。病毒颗粒较牛瘟病毒大，核衣壳为螺旋中空杆状并有特征性的亚单位，有囊膜。病毒可在胎绵羊肾细胞、胎羊及新生羊的睾丸细胞、非洲绿猴肾细胞（Vero）上增殖，并产生细胞病变，形成合胞体。

②流行病学　本病主要感染山羊、绵羊等小反刍动物。在疫区，本病为零星发生，当易感动物增加时，即可发生流行。本病主要通过直接接触传染，病畜的分泌物和排泄物是传播媒介，处于亚临诊型的病羊尤为危险。

③临床症状和病理变化　小反刍兽疫潜伏期为4～5天，最长21天。自然发病仅见于山羊和绵羊。山羊发病严重，绵羊也偶有严重病例发生。一些康复山羊的唇部形成口疮样病变。感染动物临诊症状与牛瘟病牛相似。急性型体温可上升至41℃，并持续3～5天。感染动物烦躁不安，被毛无光，口鼻干燥，食欲减退。流黏液脓性鼻涕（图7-1），呼出恶臭气体。在发热的前4天，口腔黏膜充血，颊黏膜出现进行性广泛性损害，导致多涎，随后出现坏死性病灶，开始口腔黏膜出现小的粗糙的红色浅表坏死病灶，以后变成粉红色，感染部位包括下唇、下齿龈等。严重病例可见坏死病灶波及齿垫、腭、颊部及其乳头、舌头等处。后期出现带血水样腹泻（图7-2），严重脱水，消瘦，随之体温下降。出现咳嗽、呼吸异常。脏器出现出血点（图7-3）。发病率高达100%；在严重暴发时，死亡率为100%；在轻度发生时，死亡率不超过50%。幼年动物发病严重，发病率和死亡率都很高。

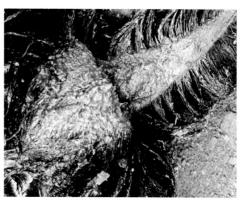

图7-1　黏液脓性鼻涕（詹迎谷 供图）　　　　图7-2　腹泻症状（詹迎谷 供图）

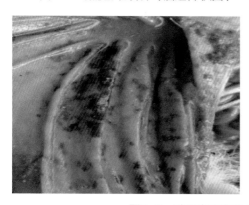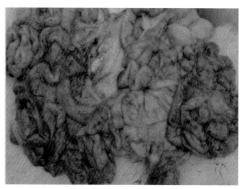

图7-3　脏器出现出血点（斑）（詹迎谷 供图）

④ 防治

a. 及时接种小反刍兽疫弱毒活疫苗。一旦疫情暴发，尽量实行封闭饲养，禁止无关人员、车辆出入，如果有紧急情况，在进入养殖场前，需要进行彻底消毒。

b. 使用羊免疫球蛋白配合复合多肽刀豆素进行肌内注射，每天注射一次，连续用药2天。如果是怀孕羊，按照上述治疗量，每天分成两次注射。

c. 如果是发病前期，每100千克体重使用20毫升羊康肽，同时配合0.5克头孢噻呋钠和一支刀豆素，分点肌内注射一次。如果是发病中后期，每100千克体重使用20毫升羊康肽，同时配合0.5克头孢噻呋钠和一支刀豆素，5～8毫克地塞米松进行注射，每天注射一次，连续用药2天。

d. 每只成年羊口服40毫克盐酸林可霉素、40毫克盐酸恩诺沙星，连续用药5～7天，防治继发感染肺炎和肠道炎症。体质较弱的病羊，可适当补充生理盐水、葡萄糖、碳酸氢钠。

7.3.3　羊痘

羊痘由羊痘病毒所致。这是一种对乙醚敏感的DNA病毒，此病毒主要感染羊，人是由于接触病羊污染的物质而被感染，故也多见于牧羊人、兽医及屠宰人员等。目前尚无人与人之间互相传染的报道。传染康复后有终生免疫力。

（1）临床表现

该病具有6～8天的潜伏期，临床上一般分成典型经过和非典型经过。典型经过，患有绵羊痘的病羊体温在发病前就会升高至41～42℃，食欲不振，呼吸加速，脉搏加快，结膜潮红，有黏液从鼻内流出，弓背站立，在1～4天后出现痘疹，主要是在皮肤少毛或者无毛处，先形成红斑，接着逐渐变成丘疹、水疱，最后变成脓疱，病羊往往会由于继发感染而发生死亡，病程一般可持续3～4周，病死率为20%～50%；山羊痘的症状类似于绵羊痘，但相对较轻。非典型经过，病羊轻者表现出体温升高，黏膜发生卡他性炎症，会出现少量痘疹或没有痘疹，并在几天内逐渐干燥、脱落；如果集中在呼吸道、消化道出现痘疹，会导致病羊死亡，妊娠母羊发生流产。临床症状如图7-4所示。

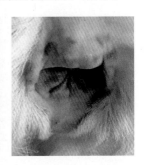

图7-4　羊痘临床症状（詹迎谷 供图）

（2）诊断

根据接触史、典型皮疹及自愈过程，一般可做出诊断。如有怀疑，可将损害的痂皮或活检组织放在电镜下观察，如发现病毒包涵体，则诊断是无疑的。

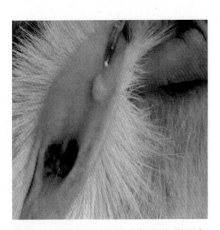

图7-5　尾部皮下注射（詹迎谷 供图）

（3）预防

① 每年春秋，无论羊只大小，一律分别进行一次羊痘疫苗注射，生产管理做好生物安全防患。

② 对曾经发生过该病的羊群用过的羊舍、用具务必彻底清扫、彻底洗刷和彻底消毒。

③ 一旦发现病例，立即对病羊隔离，加强健康羊只消毒（每天2次），对健康羊只立即接种羊痘疫苗，同时加强羊群营养水平。

（4）治疗

尾部皮下注射羊痘一针灵（图7-5），每天1次，连用3天。

在痘疹上或溃烂处涂碘甘油、紫药水等。结节可用针挑破，涂以碘酊。体温升高时为了预防继发性炎症等，可肌内注射青霉素、链霉素，每次用量青霉素400万国际单位、链霉素100万国际单位，用黄芪多糖注射液10毫升或板蓝根注射液稀释，1天2次，连用3～5天。注意：兽医进圈治疗前对圈舍羊只消毒，治疗后兽医要对自己身上鞋底消毒，隔离圈舍工具单用一套，不准交叉使用。

7.3.4 羊传染性胸膜肺炎

羊传染性胸膜肺炎又称羊支原体性肺炎，是由支原体所引起的一种高度接触性传染病，其临床特征为高热、咳嗽、流鼻涕，胸和胸膜发生浆液性和纤维素性炎症，呈急性和慢性经过，病死率很高。

（1）流行病学

在自然条件下，丝状支原体山羊亚种只感染山羊，3岁以下的山羊最易感染，而绵羊肺炎支原体则可感染山羊和绵羊。本病冬季流行期平均为15天，夏季可维持2个月以上。

病羊和携带者是本病的主要传染源。

本病常呈地方流行性，接触传染性很强，主要通过空气-飞沫经呼吸道传染。阴雨连绵，寒冷潮湿，羊群密集、拥挤等因素，有利于空气-飞沫传染的发生。多发生在山区和草原，主要见于冬季和早春枯草季节，羊只营养缺乏，容易受寒感冒，因而机体抵抗力降低，较易发病，发病后病死率也较高。

（2）临床表现

潜伏期短者5～6天，长者1～2个月，平均18～20天。根据病程和临床症状，可分为最急性、急性和慢性三型。

① 最急性：病初体温增高，可达41～42℃，极度委顿，食欲废绝，呼吸急促而有痛苦的鸣叫。数小时后出现肺炎症状，呼吸困难，咳嗽，并流浆液性带血鼻液（图7-6），肺部叩诊呈浊音或实音，听诊肺泡呼吸音减弱、消失或呈捻发音。12～36小时内，渗出液充满病肺并进入胸腔，病羊卧地不起，四肢直伸，呼吸极度困难，每次呼吸则全身颤动；黏膜高度充血，发绀；目光呆滞，呻吟哀鸣，不久窒息而亡。病程一般不超过4～5天，有的仅12～24小时。

② 急性：最常见。病初体温升高，继之出现短而湿的咳嗽，伴有浆液性鼻漏。4～5天后，咳嗽变干而痛苦，鼻液转为黏液脓性并呈铁锈色，高热稽留不退，食欲锐减，呼吸困难和痛苦呻吟，眼睑肿胀，流泪，眼有黏液脓性分泌物。口半开张，流泡沫状唾液。头颈伸直，腰背拱起，腹肋紧缩，最后病羊卧倒，极度衰弱委顿，濒死前体温降至常温以下，病期多为7～15天，长者可达1个月。幸而不死的转为慢性。孕羊大批（70%～80%）发生流产。

③ 慢性：多见于夏季。全身症状轻微，体温保持在40℃左右。病羊间有咳嗽，鼻涕

时有时无，身体衰弱，被毛粗乱无光。在此期间，如饲养管理不良、与急性病例接触或机体抵抗力由于种种原因而降低时，很容易复发或出现并发症而迅速死亡。

（3）病理变化

多局限于胸部。胸腔常有淡黄色液体，间或两侧有纤维素性肺炎；肝变区突出于肺表，颜色由红至灰色不等，切面呈大理石样；胸膜变厚而粗糙，上有黄白色纤维素层附着，直至胸膜与肋膜，心包发生粘连。心包积液，心肌松弛、变软。急性病例还可见肝、脾肿大，胆囊肿胀，肾肿大和膜下小点溢血。

（4）诊断

由于本病的流行病学、临床表现和病理变化都具有特征性，根据这三个方面做出综合诊断并不困难。当羊群呼吸道疾病陆续发生（量越来越多），死亡也是陆陆续续的，解剖时若肺部与肋骨都有粘连（图7-7），肺表面有果冻状分泌物，可基本确诊为传染性胸膜肺炎。也可进行病原分离鉴定和血清学试验。

 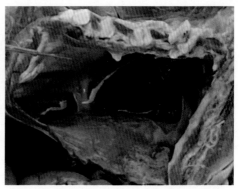

图7-6 流浆液性带血鼻液（詹迎谷 供图）　　图7-7 肺部与肋骨都有粘连（詹迎谷 供图）

（5）预防与治疗

① 预防：平时预防，除加强一般措施外，关键问题是防止引入或迁入病羊和带菌者。新引进羊只必须隔离检疫1个月以上，确认健康时方可混入大群。

免疫接种是预防本病的有效措施。我国除使用丝状支原体山羊亚种制造的山羊传染性胸膜肺炎氢氧化铝苗和鸡胚化弱毒苗以外，还研制成绵羊肺炎支原体灭活苗。根据当地病原体的分离结果，选择使用。

发病羊群应进行封锁，及时对全群进行逐头检查，对病羊、可疑羊和假定健康羊分群隔离和治疗；对被污染的羊舍、场地、饲管用具和病羊的尸体、粪便等，应进行彻底消毒或无害化处理。结合饮食疗法和必要的对症疗法。

② 治疗：泰乐菌素＋板蓝根，恩诺沙星，在羊颈部两侧分别注射两药，连用3～5天。也可用氟苯尼考或替米考星。

③ 注意：病羊隔离治疗，要饲喂优质适口性好的新鲜牧草，加强病羊的营养。

7.3.5　羊口疮

羊口疮，又称为羊传染性脓疱，是由病毒引起的绵羊和山羊的一种接触性传染病，以口唇、舌、鼻、乳房等部位形成丘疹、水疱、脓疱和结成疣状结痂为特征（图7-8）。不同地区分离的病毒抗原性不完全一致，病羊痊愈后，终生有免疫，不会再发生羊口疮。

本病多发于羔羊，主要是抵抗力不足，常呈群发性，特别是引进羊只的第一年，发病最为严重，疫区的成年羊多有一定的抵抗力。

图7-8　羊口疮临床症状（詹迎谷 供图）

（1）预防措施

在本病流行地区，母羊配种前接种羊痘疫苗，羔羊15日龄接种羊痘疫苗，可大大降低羊只发病率，即使发病，羊只病症也能得到减轻。

（2）治疗措施

① 病毒唑（三氮唑核苷注射液）100毫克／毫升、地塞米松注射液5毫克／毫升，按2∶1混合肌注，成年羊3毫升，羔羊减半或2毫升；局部用碘甘油或甲紫涂擦。一般用药2～3天，效果较好，治愈率高。严重病例要配合每天使用青霉素、链霉素2次。

② 用消毒外科剪和镊子去掉患羊痂皮、脓疱皮，用0.1%高锰酸钾水清洗创面后，将冰硼散粉末（冰片50克、硼砂500克、元明粉500克、朱砂30克，研末，混匀）兑水调成糊状，涂抹患部，隔日涂药1次，连用2～3次，治疗7～10天，至患部痂皮或结痂脱落。

7.3.6　羔羊痢疾

羔羊梭菌性痢疾习惯上称为羔羊痢疾，是新生羔羊的一种毒血症，其特征为持续性下痢和小肠发生溃疡，死亡率很高。由于小肠有急性炎变化，有些放牧员称之为"红肠子病"。羔羊痢疾由多种病原微生物引起的，其中主要是大肠杆菌、产气荚膜梭菌、沙门菌、轮状病毒、牛腹泻病毒等。该病一般发生于7日龄以内的羔羊，以2～4日龄羔羊发病率最高。

（1）症状表现

患病的羔羊会表现出精神不振，没有食欲，腹泻（图7-9），肠道出现出血点（图7-10），逐渐消瘦的现象。

（2）预防措施

①加强对怀孕母羊的饲养管理，供给充足的营养，保证胎儿正常发育。

②保证怀孕母羊的羊舍清洁、保暖，必要时可进行一次消毒工作。

③给羔羊注射生物血清羊疫血抗。

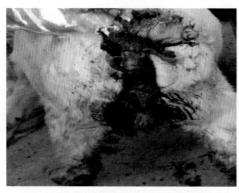

图7-9　羔羊痢疾腹泻（詹迎谷 供图）

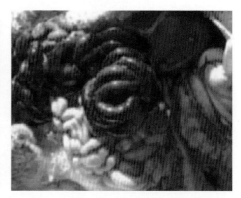

图7-10　肠道出现出血点（詹迎谷 供图）

（3）治疗措施

①口服土霉素0.125～0.25克，也可再加乳酶生1片，每天2次。

②口服庆大霉素，羔羊每次2毫升，每天1次，同时口服40%葡萄糖10～20毫升效果更佳。

③口服杨树花煎剂、增效泻痢宁，对病毒引起的腹泻疗效较高。

7.3.7　羊快疫

羊快疫是由腐败梭菌引起的。腐败梭菌是一种革兰氏阳性的厌氧大杆菌，能运动，在动物体内外均能形成芽孢，其芽孢在土壤中可存活数年之久。一般消毒药均能杀死其繁殖体，但芽孢抵抗力很强，必须用强力消毒药如20%漂白粉、3%～5%的氢氧化钠消毒。

（1）临床症状

羊快疫发病羊的营养多在中等以上，年龄在6个月至18个月之间，一般经消化道感染。羊快疫病变发生突然，病羊往往来不及出现临床症状就突然死亡，常常可以见到病羊在放牧时死亡或者早晨发现死于羊舍内。有的病羊离群独处，卧地，不愿走动，强迫行走时，表现虚弱和运动失调。体温表现不一，有的正常，有的体温升高至41.5℃。病羊最后极度衰弱，昏迷，通常经数分钟至几小时死亡。

（2）防治

由于羊快疫的病程短促，往往来不及治疗，因此必须加强平时的防疫措施，加强饲养管理，严格检疫消毒，注意在发生疫病后转移牧地，到干燥地区放牧。每年定期注射"羊快疫、猝狙、肠毒血症三联菌苗"或"羊快疫、猝狙、肠毒血症、羔羊痢疾和羊黑疫五联菌苗"，能有效控制本病的流行。

7.3.8 羊炭疽

炭疽是由炭疽杆菌引起的一种急性、热性、败血性人畜共患传染病，常呈散发性或地方性流行，绵羊最易感染。

（1）临床症状

病羊体内以及排泄物、分泌物中含有大量的炭疽杆菌。健康羊采食了被污染的饲料、饮水或通过皮肤损伤感染了炭疽杆菌，或吸入带有炭疽芽孢的灰尘，均可导致发病。羊发生该病多为最急性或急性经过，表现为突然倒地，全身抽搐、颤抖，磨牙，呼吸困难，体温升高到40～42℃，黏膜蓝紫色。从眼、鼻、口腔及肛门等天然孔流出带气泡的暗红色或黑色血液，血凝不全。尸僵不全。

（2）预防

预防接种。经常发生炭疽及受威胁地区的易感羊，每年均应用羊Ⅱ号炭疽芽孢疫苗皮下注射1毫升。有炭疽病例时应及时隔离病羊。对污染的羊舍、用具及地面要彻底消毒，可用10%烧碱水或2%漂白粉连续消毒3次，间隔1小时。羊群除去病羊后，全群用抗菌药3天。

（3）治疗

① 病羊必须在严格隔离条件下进行治疗，对病程稍缓的病羊可采用特异血清疗法结合药物治疗。病羊皮下或静脉注射抗炭疽血清30～60毫升，必要时于12小时后再注射一次。

② 炭疽杆菌对青霉素、土霉素敏感。其中青霉素最为常用，剂量按每千克体重1.5万国际单位，每8小时肌内注射1次。

7.3.9 羊破伤风

破伤风又名锁口风、耳直风、强直症，是由破伤风梭菌经伤口感染引起的急性、中毒性传染病。多发生于新生羔羊，绵羊比山羊多见。特征为全身或部分肌肉发生痉挛性收缩，肌肉发生僵硬，出现身体躯干强直症状。本病呈散发，没有季节性，必须经创伤才能感染，特别是创面损伤复杂、创道深的创伤更易感染发病。

（1）临床症状

本病的潜伏期为5～20天，但在特殊情况下可能延长。初发病时，仅步行稍不自然，不易引起饲养员的特别注意。病势发展时，则双耳直硬，牙关紧闭，不能吃东西，口腔内黏液多。颈部及背部强硬，头偏向一侧或向后弯曲；四肢伸直，腹部蜷缩，好像木制的假羊，如果扶起行走，严重者无法迈步，一经放手，即突然摔倒。突然的声响可引起骨骼肌发生痉挛而使病羊倒地。症状轻微时，脉搏和体温无大变化。严重时，体温可以增高，脉搏细而快，心脏跳动剧烈。病的后期，常因急性胃肠炎而发生腹泻。死亡率很高。

（2）诊断

根据临床症状可初步确诊，实验室诊断必要时可从创伤感染部位取材，进行细菌分离和鉴定，结合动物实验进行诊断。

（3）防治

① 预防注射。破伤风类毒素是预防本病的有效生物制剂。羔羊的预防，则以母羊妊娠后期注射破伤风类毒素较为适宜。

② 创伤处理。对感染创伤进行有效的防腐消毒处理：彻底排出脓液、异物、坏死组织及痂皮等，并用消毒药物（3%过氧化氢、2%高锰酸钾或5%～10%碘酊）消毒创面，并结合青霉素、链霉素，在创伤周围注射，以清除破伤风毒素来源。

③ 注射抗破伤风血清。早期应用抗破伤风血清（破伤风抗毒素）。可一次用足量（20万～80万国际单位），也可将总用量分3次注射，皮下、肌内或静脉注射均可；或一半皮下或肌内注射，另一半静脉注射。抗破伤风血清在体内可保留2周。

④ 加强护理。将病羊放于黑暗安静的地方，避免能够引起肌肉痉挛的一切刺激。给予柔软易消化且容易咽下的饲料(如稀粥)，经常在旁边放上清水。多铺垫草，每日翻身5～6次，以防发生褥疮。

⑤ 为了消灭细菌，防止破伤风毒素继续进入体内，必须彻底清除伤口的脓液及坏死组织，并用1%高锰酸钾、1%硝酸银、3%过氧化氢或5%～10%碘酊进行严格消毒处理。病的早期同时应用青霉素与磺胺类药物。

⑥ 为了中和毒素，可先注射40%乌洛托品5～10毫升，再肌内或静脉注射大量破伤风抗毒素，每次5万～10万国际单位，每日1次，连用2～4次。亦可将抗毒素混于5%葡萄糖溶液中静脉注射。

⑦ 为了缓解痉挛，可皮下注射25%硫酸镁溶液或肌内注射40%的硫酸镁溶液，每天1次，每次5～10毫升，分点注射。或者按每千克体重2毫克肌内注射氯丙嗪。

⑧ 对于牙关紧闭的羊，可将3%普鲁卡因5毫升和0.1%肾上腺素0.2～0.5毫升混合，注入咬肌。

7.3.10 羊布鲁氏菌病

羊布鲁氏菌病属于高危害性、繁殖障碍性疾病，是严重影响规模化养羊经济效益的重大疫病之一，重点危害种羊及新生羔羊。

（1）临床症状和病理变化

发病初期病羊呈稽留热，出现游走性关节炎及红热肿痛，全身淋巴结肿大。母羊发生繁殖障碍性综合征，母羊常在怀孕3～4个月流产，胎衣明显增厚，并有出血点；流产胎儿普遍呈败血症病变，浆膜与黏膜淤血及出血。公羊发生睾丸炎、附睾炎及生殖（泌尿）系统感染，睾丸明显肿大，失去配种能力。有的羊关节肿胀，关节囊腔积液（图7-11、图7-12）。

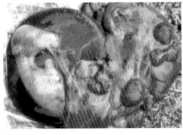

图7-11 羊布鲁氏菌病病变
（詹迎谷 供图）

图7-12 布鲁氏
菌病羊只

（2）流行特点

该病可常年发病，春、夏季相对较为高发，呈地方性流行特征。由于该病原自然宿主广泛，故而多种带病动物或携带病原的动物均有可能是该病传染源。病畜的排泄物、分泌物中含有大量病原体，排放进入环境后也是潜在的传播媒介。该病传播途径较为广泛，主要经公母羊交配、治疗针头共用、采食或呼吸侵入动物机体而传染，也可经受损表皮及黏膜侵入传染，还可由携带病原体的吸血昆虫经血液循环传染。易感群包括人和多种动物，因此该病可在人和羊、其他动物（家畜、家禽和野生动物）之间发生交叉感染。母畜妊娠中后期较为高发，多以流产、产弱死胎告终。

（3）综合防治措施

① 预防措施。该病务必坚持"以防为主"的总体方针。

a.禁止从疫区、病史区（场）引种及购进育成羊，强化产地检疫与公路运输检疫，做到防疫、检疫措施并举，严防死守，以杜绝该病阳性个体进入养殖区域。

b.加强饲养管理，控制良性宜居环境（清洁、干燥、无菌、采光及通风良好）和进行科学饲喂管理（保证饲草料营养丰富而全价，饮水清洁而充足），以提高羊群整体抗病力，从而预防发病。

c.定期做好群检同时重视种羊的配前检查，早期淘汰该病阳性检出个体，严防带菌个体间交配繁育，切断垂直传播途径。

d.流产羊母羊，及时处理掉死羔和胎衣，原圈做好消毒措施，母羊采血送检，流产母羊统一隔离治疗，检测结果呈阳性马上淘汰，及时查到原配种公羊，淘汰与此母羊配种的公羊。

e.治疗、防疫做好一羊一针头，防止交叉感染。

f.羊场（舍、栏）内环境、运动场等重点区域定期开展清扫保洁及消毒工作，主动消灭传染源，切断传播途径，以降低该病感染发病风险。推荐采用10%～20%石灰乳、2%烧碱溶液、5%来苏儿等几种消毒剂交叉使用，以提高消灭传染源效果。春、夏季每隔3～5天至少消毒1次，秋、冬季每周至少消毒1次。

g.尽量坚持"自繁自养"，降低外购羊携带病原传播风险。必须对外引种时，引种后坚持隔离观察30天以上，并经专业实验室做布鲁氏菌病细菌学检查（血清学检查），确认健康无风险后方可混群饲养。

② 治疗措施。建议对阳性检出个体按照相关规定做扑杀及无害化处置。针对部分具有很高利用价值的发病羊，以每千克体重为准，推荐处方为"氟苯尼考注射液（用药量为0.1～0.2毫升/千克）+复方长效土霉素注射液（用药量为0.1毫升/千克）+黄芪多糖注射液（用药量为0.2毫升/千克）"混合肌内注射，每天注射1剂，连续注射3～5天；治疗初期若病羊绝食较久（超过24小时），建议另侧颈部肌内注射复合维生素B注射液5～15毫升，帮助病羊尽快恢复反刍及食欲。

7.4　羊常见普通性疾病

7.4.1　感冒

（1）症状

病羊精神不振，头低耳耷，初期皮温不均，耳尖、鼻端和四肢末端发凉，继而体温升高，呼吸、脉搏加快。鼻黏膜充血、肿胀，鼻塞不通，初流清涕（图7-13），患羊鼻黏膜发痒，不断喷鼻，并在墙壁、饲槽擦鼻止痒。食欲减退或废绝，反刍减少或停止，鼻镜干燥，肠音不整或减弱。

（2）治疗

治疗以解热镇痛、祛风散寒为主。

① 肌内注射复方氨基比林5～10毫升，或30%安乃近5～10毫升，柴胡注射液5～10毫升，每天2次。

图7-13　感冒症状（詹迎谷 供图）

② 为防止继发感染，可与抗生素药物同时应用。复方氨基比林10毫升、青霉素400万国际单位、硫酸链霉素100万国际单位，肌注，每天2次。

③ 当病情严重时，改用头孢噻呋钠，同时配以皮质激素类药物（如地塞米松等）治疗，每天1次。

7.4.2 肺炎

（1）病因

本病可分为两类：小叶性肺炎和纤维性肺炎。

① 小叶性肺炎，常由于感冒和吸入异物（沙尘）及灌药不慎进入肺部而引起。

② 纤维性肺炎，由于某些传染病和侵袭病并发肺炎，如绵羊痘、出血性败血病、羔羊副伤寒、肺炎虫病等常引起本病。

（2）症状和剖检病变

症状因病因的性质而异。其发展速度大多很慢，但小羊偶尔也有急性的。初发病时，精神迟钝，食欲减退，体温上升达40～42℃，寒战，呼吸加快。心悸亢进，脉搏细弱而快，眼、鼻黏膜变红，鼻无分泌物，常发干而痛苦的咳嗽音。以后呼吸愈加困难，表现喘息，终至死亡。死亡常在一周左右，死亡率的高低不定。

肺炎剖检病变见图7-14。

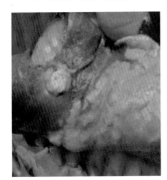

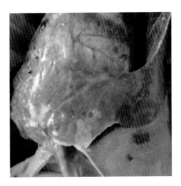
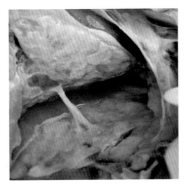
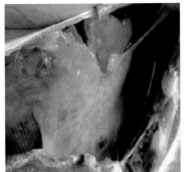

图7-14　肺炎剖检病变（詹迎谷 供图）

（3）诊断

根据呼吸症状很容易辨认肺炎，但要确定病因却比较困难，必须由实验室检查来帮助诊断。

（4）预防

① 加强调养管理，供给富含蛋白质、矿物质、维生素的饲料。注意圈舍卫生，不要过热、过冷、过于潮湿，通气要好。剪毛后若遇天气变冷，应迅速把羊赶到室内。

② 对呼吸系统的其它疾病要及时发现，抓紧治疗。

③ 为了预防异物性肺炎，灌药时务必小心，不可使羊嘴的高度超过额部，同时灌入要缓慢。一遇到咳嗽，应立刻停止。尽量使用胃管灌药，但要注意不可将胃管插入气管内。

④ 由传染病或寄生虫病引起的肺炎，应集中力量治疗原发病。

（5）治疗

① 加强护理，及早把羊放在清洁、温暖、通风良好但无贼风的羊舍内，保持安静，喂给容易消化的饲料，经常供应清水。

② 对症治疗，根据羊只的不同表现，采用相应的对症疗法。头孢噻呋钠＋柴胡注射液或复方氨基比林注射液，每天1次，连用3天。氟苯尼考注射液，每天1次，连用3天。

注意：由某种传染病引起的肺炎则要对症治疗。

7.4.3 腹泻

（1）症状

临床症状分败血型和下痢型。败血型多发生于2～6周龄羔羊，病羊体温高达41～42℃，精神沉郁，迅速虚脱，有轻微的腹泻，有的带有神经症状，如运动失调、磨牙，也有的出现关节炎，多于病后4～12小时死亡。下痢型多发生于2～8日龄新生羔，病初体温略高，出现腹泻后体温下降，粪便呈半液状，带有气泡，有时混有血液，羔羊表现腹痛，虚弱，严重脱水，不能站立，消瘦，衰竭死亡。

（2）诊断

只有确诊羊腹泻类型才能进行对症治疗，不过不同羊腹泻类型之间表现存在一定的相同点，以及羊有时会多种腹泻同时发生，因此并不太容易进行诊断。

① 根据年龄来判断　1～2日龄的腹泻大多为应激性因素如阴冷、潮湿及大肠杆菌、低血糖和梭菌引起的；7日龄后的腹泻大多为沙门菌、轮状病毒、冠状病毒引起的。

② 根据腹泻程度来判断　如果是暴发性的、迅速传播的腹泻，一般为病毒性腹泻，如小反刍疫兽；如果是隐性发生，缓慢散播，随时间而加重，一般为细菌性或寄生虫性腹泻。

③ 根据粪便的酸碱度和性状来判断　病毒性腹泻的粪便多为酸性；其它腹泻的粪便

多为碱性。水样呈喷射状腹泻大多由病毒引起；黏状或糊状，带有泡沫的粪便大多由细菌引起；糊状、黄灰色、恶臭、混有血液的粪便大多为球虫性腹泻。

④ 根据体温变化、粪便气味等判断类型

a. 物理性腹泻。体温不升高，粪便无恶臭，无或轻微症状，无特异性病菌或虫卵。

b. 消化性腹泻。体温不升高，粪便含有奶块或可看到未消化的饲料（粪内有完整的谷粒或粗纤维），则表示消化不良；若粪便内有大量黏液，粪便有特殊臭味，则表示肠道已发生肠炎。症状无或轻微，无特异性病菌或虫卵。

c. 中毒性腹泻。程度轻或发病慢，可见腹泻，粪便排泄物有时可脱落肠黏膜碎片。一般有呕吐现象，可检查出有毒植物碎片。

d. 寄生虫性腹泻。体温升高，粪便排泄物异味较大，可检查到成虫、虫卵或节片。羊只较瘦、驱虫间隔时间长。可镜检出虫卵或虫体。

e. 药物性腹泻。体温正常，无恶臭气味。

f. 病毒性腹泻。体温升高明显，食欲差，精神不振，死亡率高，肠黏膜脱落，粪便中有肠黏膜上皮，气味恶臭，粪便排泄物呈果冻状，有的含有血液（黑褐色为胃及小肠出血，红褐色为中部肠道出血，鲜红色为后部肠道出血）。

（3）预防和治疗

首先，准确判断确诊对症用药，其次调理肠胃，以益生菌制剂、胃蛋白酶制剂为佳。如果是饲料霉变造成的长期反复腹泻，就得换掉霉变饲料，除了用上面的药物调理，另加维生素C粉，以促进肝肾的排毒。这是普通羊腹泻的控制措施，对于病毒性腹泻要找兽医确认病毒是什么，然后对症用药治疗。具体预防和治疗方法如下。

① 物理性腹泻。多由温度和饮用水引发，多发生于羔羊，所以应采用各种保温措施，如产羔舍地面多铺一些干燥垫草，尽量不饮冷水，注意羊舍保温，如不出现脱水和不转化为其它疾病，一般不需用药治疗。

② 消化性腹泻。控制羊的饲料采食量，主要控制精料、豆科牧草的喂量，饲料变更要逐渐进行，要有一个合理的过渡期，使羊只有一个逐渐适应的过程；对人工哺乳的羔羊，喂奶粉要定时、定温、定浓度、定每天饲喂次数、定每次饲喂量，防止其消化不良疾病的发生。对腹泻较重的羊只可静脉注射5%的葡萄糖溶液或0.9%的生理盐水及碳酸氢钠，补充电解质和水分，口服炭片、多酶片、乳酸菌片、益生菌或整肠生。

③ 寄生虫性腹泻。根据检出的寄生虫卵种类采用药物驱虫。一般情况下，可先口服阿苯达唑或左旋咪唑，隔7～10天后再皮下注射依维菌素，用药量按药品说明书，口服驱虫药在早晨羊只空腹时进行。羔羊球虫病治疗：磺胺二甲嘧啶、呋喃西林、氨丙啉、金霉素、莫能霉素、地克珠利、盐霉素。

④ 药物性腹泻：消除引起腹泻的药物因素即可。

⑤ 病原性腹泻。可用抗生素，如庆大霉素、恩诺沙星治疗，1个月内羔羊可口服抗生素。

7.4.4　羊前胃弛缓

前胃弛缓是因饲喂不合理引起前胃兴奋性和收缩力降低的疾病，临床症状是食欲废绝，反刍、嗳气障碍，前胃蠕动力量减弱或停止，甚至继发酸中毒。

（1）病因

饲养管理不当，饲料单一，长期饲喂难以消化的饲料如秸秆、麦麸等，长期饲喂过多精饲料而运动不足，饲喂霉败、冰冻、缺乏矿物质的饲料，都可使消化功能紊乱，胃收缩力降低而引发本病。此外，瘤胃臌气、瘤胃积食、胃肠炎以及其他一些疾病也可引起继发性前胃弛缓。

（2）症状

发生急性前胃弛缓时，前胃因大量食物积聚而扩张，病羊食欲消失，反刍停止，瘤胃蠕动力减弱或停止，瘤胃内容物发酵，产生气体，故左腹增大，触诊感不坚实。发生慢性前胃弛缓时，病羊精神沉郁，倦怠无力，喜卧地，食欲减退，反刍缓慢，瘤胃蠕动力减弱，次数减少。如为继发性前胃弛缓，常伴有原发病的临床症状。

（3）治疗

如为过食引起，可采取饥饿疗法，禁食2～3顿，然后供给易消化的饲料，使胃功能慢慢恢复。

重症者可先用泻剂清理胃肠，成年羊用硫酸镁20～30克（或人工盐20～30克），液状石蜡100～200毫升、番木鳖酊2毫升、大黄酊10毫升，加水500毫升，一次灌服。为加强瘤胃蠕动，可用10%氯化钠注射液20～30毫升、10%氯化钙注射液10毫升、生理盐水100毫升，混合后一次静脉注射；也可用酵母粉10克、红糖10克、酒精10毫升、陈皮酊5毫升，混合后加水适量灌服。为防止酸中毒，可灌服碳酸氢钠10～15克。

注意：病羊停喂精料，只供优质青干草给羊采食。

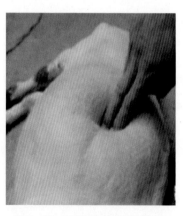

图7-15　按压确定是否为胀气
（詹迎谷 供图）

7.4.5　羊瘤胃胀气

瘤胃胀气是肉羊采食了露水草、霜草、雪草、冰草或吃了太多青草、豆科植物或发酵饲草料，在瘤胃内发酵，产生大量的气体，以致瘤胃和网胃迅速扩张而引起的疾病。

（1）症状

最明显的是左侧的腹部显著膨胀，可通过按压确定是否胀气（图7-15）。患病羊的食欲下降，反刍和嗳气停止，并表现为痛苦不堪，不停地回头顾腹，用后蹄踢腹，不停地站立卧下，呼吸急促，呼吸频率加快。

有的患病羊会张嘴呼吸，发出呻吟声，排出的粪便较少，粪便呈现酸臭气味。病情加重后，大多数患病羊共济失调，不能正常行走，站立不稳，短时间内倒地不起，不断地呻吟。

（2）防治

防治原则消导下泻，止酵防腐，纠正酸中毒，健胃补充体液。

① 消导下泻，可用石蜡油100毫升、人工盐50克或硫酸镁50克，加水500毫升，一次灌服。

② 解除酸中毒，可用5%碳酸氢钠100毫升灌入输液瓶，另加5%葡萄糖200毫升，静脉一次注射。

③ 防止酸中毒，可用2%石灰水洗胃。洗胃后灌服健康羊的瘤胃液体。

④ 胃导管放气，口服大黄苏打片50片＋二甲硅油片4片。

⑤ 瘤胃放气，羊口部横放一根木条促进羊排出气体（图7-16）。

图7-16　木条促进羊排出气体
（詹迎谷 供图）

7.4.6　羊瘤胃积食

瘤胃积食是因前胃收缩力减弱，采食大量难消化的草料，超过了正常容积，致使胃壁扩张、食糜滞留，引起严重消化障碍的疾病。

（1）发病原因

由于羊贪吃了大量粗硬、易臌胀的饲料，或采食干料而饮水不足，或由于过食谷物引起消化不良并产生大量乳酸，造成瘤胃弛缓、瘤胃炎，或由于羊采食发霉变质等有毒草料而引发本病。前胃弛缓、瓣胃阻塞、创伤性网胃腹膜炎、真胃炎及真胃阻塞等，也可以导致瘤胃积食的发生。

（2）症状

羊瘤胃积食的主要症状是：发病后采食、反刍停止；病初不断嗳气，随后嗳气停止；腹痛摇尾，或后蹄踏地，弓背；触摸瘤胃内草料成面团，手压有痕，回位速度很慢。瘤胃蠕动初期增强，以后减弱或停止。呼吸迫促，脉搏增数，黏膜暗红色。病后期精神萎靡不振。发病羊的胃内容物见图7-17。

（3）治疗

导泻，可以用石蜡油100毫升、人工盐50克、大黄酊10毫升，加水500毫升，一次灌服。解除酸中毒，可用5%碳酸氢钠100毫升，5%葡萄糖200毫升，一次静脉注射。

心脏衰弱时，可用10%樟脑磺酸钠4毫升，静脉或肌内注射。呼吸系统和血液循环系统衰竭时，可以用尼可刹米注射液2毫升，肌内注射。

图7-17　发病羊的胃中内容物（詹迎谷 供图）

如果羊只误食塑料袋、绳头、线头等异物，也可引发本病，但发病较缓慢，可呈顽固性积食或反复发作。药物治疗往往不理想，一般需要剖腹诊治。在诊疗时应考虑到这种原因。

7.4.7　羊瘤胃酸中毒

瘤胃酸中毒是一种特殊类型的瘤胃积食，主要是由于食入过多含有丰富碳水化合物的谷物饲料，并在瘤胃内生成大量乳酸而造成的急性乳酸中毒。病羊临床特征是瘤胃膨胀、精神萎靡以及脱水等。该病往往急性发生，病程持续时间短，容易死亡。因此要及早发现、及时确诊、尽快治疗，尽可能避免发生死亡。

（1）发病机理

羊通常是由于饲养管理不当，食入过多谷物、精料以及酸性饲料（如玉米青贮料等）导致；或者长时间饲喂较多酸度过大的青贮玉米或者品质低劣的青贮饲料。另外，羊采食发生霉变的饲料，如玉米、豆类等，也容易发病。

当羊食入大量谷物饲料后，会改变瘤胃内容物pH，还会导致微生物群系发生变化。一般来说，先是促使产酸的乳酸杆菌和链球菌快速增加，生成大量的乳酸，导致瘤胃pH降低至5以下，从而导致瘤胃渗透压明显升高，促使体液通过瘤胃壁渗透到瘤胃内，由此导致瘤胃膨胀，同时机体发生脱水。当机体吸收大量乳酸后，会导致血液pH降低，从而出现机体中毒。随着瘤胃内乳酸浓度的增大，既会引起瘤胃炎，还会促使霉菌生长，造成瘤胃壁发生坏死，并会导致瘤胃微生物扩散，继而造成肝脏损坏，从而发生毒血症。

（2）临床症状

最急性型。羊一般在采食或者偷吃过多谷类精料12小时后开始表现出瘤胃酸中毒症状，病情发展比较快速。病羊临床上主要表现出腹痛，无法稳定站立，经常用后腿踢腹等。部分病羊表现出精神萎靡，呈现昏睡状态，停止采食，大量流涎，呈泡沫状，走动摇晃，难以站立，人为迫使其在地上横卧，会弯曲头部抵靠在肩部。眼结膜充血、潮红，视力明显减弱，甚至彻底失明，瞳孔散大。呼吸频率正常，体温基本正常或略微下降至36.5～38℃，脉搏增加至120～140次/分，且比较细弱，排尿量减少甚至无尿排出。瘤胃停止蠕动，腹围逐渐膨胀，明显紧张。另外，还伴有严重的脱水症状，如皮肤明显干燥、弹性变差等。病羊通常在发病12小时之后发生死亡。

急性型。羊在食入过多精料12～24小时后表现出中毒症状，主要表现出精神萎靡，食欲、饮欲减退甚至废绝，磨牙，呻吟，肌肉震颤，步态蹒跚，往往卧地，伴有腹痛现象，少数会伴发蹄叶炎，大量出汗，排出泡状稀便，并混杂血液，排尿量减少；呼吸缓慢，脉搏增加至90～100次/分，可视黏膜潮红或者发绀，腹围出现紧缩，腹壁呈现中等程度的紧张，同时伴有脱水症状。母羊患病后泌乳量明显减少。

亚急性型。大部分病羊不会在早期被发现，主要表现出食欲暂时性减退，但饮欲增强，瘤胃蠕动缓慢。体温为38.5～39℃，脉搏为72～84次/分，腹壁轻度紧张，往往会横卧在地。部分病羊还伴有瘤胃炎和瘤胃臌气等。母羊患病后，泌乳性能下降，且乳脂率会降低至0.8%～1.0%。

（3）防治

瘤胃冲洗法。使用开口器打开病羊口腔，接着经口腔将内径为1厘米的胃管插入瘤胃内，将瘤胃内容物排出，然后灌入1000～2000毫升经过稀释的石灰水（即在500克生石灰中添加5000毫升水，搅拌均匀后取上清液，然后再添加1～2倍清水进行稀释就可使用），进行多次冲洗，直到胃液变成中性为止，最后再灌入500～1000毫升经过稀释的石灰水。同时，病羊要进行全身补液，即静脉注射250毫升2.5%碳酸氢钠溶液、500毫升生理盐水。目前，治疗瘤胃酸中毒最主要的措施是石灰水洗胃，石灰水中所含的氢氧化钙能够结合瘤胃内的乳酸，并生成不溶的乳酸钙，最后经由肠道排出，较为安全。通过洗胃，可使瘤胃渗透压迅速降低，促使瘤胃内环境恢复，有效缓解脱水症状，加快机体康复。

辅助治疗。病羊即使经过治疗有所好转，其瘤胃内正常的微生物菌群也已经被完全破坏，依旧会表现出消化不良等症状，此时若能移植100～200毫升健康羊瘤胃液，能够明显提高机体完全康复的概率。

7.4.8 羊黄曲霉毒素中毒

黄曲霉毒素主要对动物肝脏造成伤害，可引起黏膜的损害，真皮和关节损害，肝脏、肾脏脂肪浸润，胆管增生等，还可引起维生素缺乏病。

（1）症状

羊发病后生长发育缓慢，营养不良，被毛粗乱、逆立无光泽。病初食欲不振，后期废绝。角膜混浊，常出现一侧或两侧眼角失明。反刍停止，磨牙，呻吟，有时有腹痛表现，间歇性腹泻，排泄混有血液凝块的黏液样软便，表现里急后重症状，往往因虚脱昏迷死亡。妊娠母羊有时发生早产或排出死胎等，病羊消瘦，可视黏膜苍白，肠炎，肝脏苍白、坚硬，表面有灰白色区，胆囊扩张，腹水增多。

（2）预防

本病尚无解毒剂，主要在于预防。玉米、花生等收获时必须充分晒干，种子或油饼勿放置阴暗潮湿处以避免发霉。已被污染的处所可将门窗密闭，采用福尔马林、高锰酸钾水溶液熏蒸（每立方米空间用福尔马林25毫升、高锰酸钾25克、水12.5毫升的混合液）进行消毒。如已发现中毒，所有动物都不应再饲喂发霉饲料。严重发霉饲料还是以全部废弃为宜；至于轻度发霉饲料，可先进行磨粉，然后加入清水浸泡，反复换水，直至浸泡的水呈现无色为止，即使如此处理，仍须与其它精饲料配合应用。

（3）治疗

当发生中毒时，应立即停止饲喂霉败饲料，改饲喂碳水化合物多的青饲料和高蛋白饲料，并减少或不喂含脂肪过多的饲料。除及时投服盐类泻剂排毒外，还要应用一般解毒、保肝和止血药物，如应用25%～30%葡萄糖注射液，加维生素C制剂静脉注射；心脏衰弱病例，皮下注射或肌内注射强心剂（樟脑油、安钠咖等）。

7.4.9　羊亚硝酸盐中毒

羊亚硝酸盐中毒后，一般会表现兴奋、狂躁不安、明显腹胀、呼吸困难、张口伸舌等症状。严重时会口吐白沫、呕吐，因极度呼吸困难，窒息而死。

（1）病因

一般羊亚硝酸盐中毒，都是因为误食亚硝酸盐或含亚硝酸盐的食物。也有因为在胃肠功能紊乱时，食用小白菜、苋菜、地瓜秧、萝卜叶和一些青草等，导致硝酸盐在体内还原成亚硝酸盐。

（2）预防

① 变质的饲草、树叶、青菜、块根块茎等不得饲喂羊只。
② 草料现加工现喂，避免草料堆积发热。

（3）治疗

① 静脉注射亚甲蓝注射液，按照体重1～2毫克/千克，必要时2小时后重复用药一次。

② 静脉滴注葡萄糖、三磷酸腺苷、辅酶A等能量合剂。

③ 肌内注射维生素C注射液，每只100～250毫克。

注意：配合使用维生素C和高渗葡萄糖可提高疗效。特别是无亚甲蓝时，重用维生素C及高渗糖也有一定治疗效果。

7.4.10 羊氢氰酸中毒

氢氰酸中毒是一种以发病急促、呼吸困难、肌肉震颤和突发死亡为临床特征的中毒性缺氧综合征。

（1）发病原因

常因采食过量含有氰苷的植物，如高粱苗、玉米苗、马铃薯幼苗、亚麻叶、枇杷叶等，在胃内经酶水解和胃酸的作用，产生游离氢氰酸而致病。食用某些中药过多而致病，如杏仁、桃仁等。由于误食了氰化物污染的水或饲草而发病。

（2）临床症状

突然发病，于采食过量含氰苷饲料后15～30分钟表现症状。病初兴奋不安，可视黏膜鲜红，流白色泡沫，腹痛腹胀，呼吸加快。病羊先兴奋，很快转入沉郁，随之极度衰弱，行走不稳或倒地抽搐而死。严重者体温下降，后肢麻痹，肌肉痉挛，瞳孔散大，全身反射减弱或消失，心动徐缓，呼吸浅表，最后昏迷死亡。

（3）剖检变化

尸僵不全，尸体不易腐败。血液鲜红，凝固不良。口腔内有血色泡沫。胃肠黏膜充血及出血。喉头、气管及支气管黏膜有出血点，肺充血或出血。

（4）防治

① 防治原则：禁止在含氰苷作物（如高粱苗、玉米苗）的地方放牧；慎用杏仁、桃仁等毒性较大的中药；严格保管氰化物农药；病后尽快抢救。

② 治疗。

a. 病后迅速静注3%亚硝酸钠溶液，6～100毫克/千克体重；然后静注5%的硫代硫酸钠溶液，1～2毫升/千克体重。0.1%高锰酸钾溶液1000～2000毫升。用法：羊洗胃。

说明：用于口服中毒的初期，重症配以强心补液。

b. 金银花120克、绿豆500克。用法：煎汤，候温一次灌服。

c. 25%～30%葡萄糖注射液，加维生素C制剂静脉注射。心脏衰弱病例，皮下注射或肌内注射强心剂（樟脑油、安钠咖等）。

7.4.11 羊有机磷中毒

有机磷中毒是由于羊接触、吸入或食入某种有机磷制剂，使其进入机体组织而引起的中毒性疾病，有机磷农药种类很多，常用的剧毒类有对硫磷(1605)、甲基对硫磷（甲基1605）和内吸磷(1059)；强毒类有敌敌畏、乐果和甲基内吸磷(甲基1059)等；弱毒类有敌百虫和马拉硫磷等。本类杀虫剂多具有较高的脂溶性，可经皮肤渗入机体内，通过消化道和呼吸道也可较快吸收。

（1）病因

羊的中毒常发生在以下情况：采食喷洒过有机磷杀虫剂的农作物、牧草、青菜等；应用有机磷杀虫剂防治羊体外寄生虫，剂量过大或使用方法不当；误饮被有机磷杀虫剂污染的饮水，以及接触有机磷杀虫剂污染的各种工具器皿等。

（2）症状

临床常表现毒蕈碱样症状，如食欲不振，流涎，呕吐，腹痛，多汗，尿失禁，黏膜苍白，呼吸困难，肺水肿等。呼出气体有蒜臭或胡椒味，还可有体温升高、水样下泻，便血也较常见。在发生呼吸困难的同时，眼球颤动，四肢厥冷。病羊呈明显的兴奋不安，狂躁，甚至出现冲撞蹦跳，全身震颤，渐而步态踉跄，以至倒地不起，因呼吸肌麻痹而窒息死亡。根据临床症状、毒物接触史和毒物分析以及测定胆碱酯酶的活性，可以确诊。

（3）防治

严格农药管理制度，不要在喷洒有机磷农药的地方放牧，拌过农药的种子不要再喂羊，接触过农药的器具不能给羊使用等。发现病畜及时应用特效解毒剂，常用解磷定，剂量按每千克体重15～30毫克，溶于100毫升5%葡萄糖溶液内，静脉注射；或用硫酸阿托品10～20毫克，肌内注射。症状未见减轻可重复应用解磷定和硫酸阿托品。同时尽快清除胃内毒物，可灌服容积性泻剂，如硫酸镁或硫酸钠30～50克，加水适量1次内服。

7.4.12　羊胎衣不下

胎衣不下是指母羊产后4～6小时，胎衣仍未排下来。其容易引起母羊生殖道感染，因胎衣在细菌分解腐败时会产生大量毒素，严重者会造成母羊败血症导致母羊死亡。

（1）病因

本病的发生主要是母羊妊娠后期运动不足；饲料单一、品质差，缺少矿物质、维生素等。母羊瘦弱或过肥，胎儿过大，在难产和助产过程中发生错误都可以引起子宫收缩弛缓，收缩乏力，而发生胎衣不下。

（2）症状

病羊常表现拱腰努责，食欲减少或消失，精神较差，喜卧地；体温升高；呼吸及脉搏增快。胎衣久久滞留不下（图7-18），可发生腐败，从阴门中流出污红色腐败恶臭的恶露，其中杂有灰白色未腐败的胎衣碎片或脉管。当全部胎衣不下时，部分胎衣从阴户中垂露于后肢跗关节部。

（3）预防

① 加强怀孕母羊的饲养管理，注意日粮中钙、磷、维生素A和维生素D的补充，产前5天内不要过多饲喂精料，增加光照。

② 舍饲羊要适当增加运动，积极做好布鲁氏菌病的防治工作。

图7-18　胎衣不下临床症状（詹迎谷 供图）

③ 注意保持圈舍和产房的清洁卫生，临产前后，对阴门及周围进行消毒；分娩时保持环境清洁和安静，分娩后让母羊舔干羔羊身上的液体，尽早让羔羊吮乳或人工挤奶，以防止和减少胎衣不下的发生。

（4）治疗

病羊分娩后不超过24小时的，可应用垂体后叶素注射液、催产素注射液或麦角碱注射液0.8～1毫升，1次肌内注射，同时注射长效土霉素。用药已达48～72小时而不奏效者，应立即手术治疗。先保定好病羊，按常规程序做准备及消毒。术者一手握住病羊阴门外的胎衣，稍向外牵拉，另一手沿胎衣表面伸入子宫，可用食指和中指夹住胎盘周围绒毛，以拇指剥离开母子胎盘相互结合的周围边缘，剥离半周后，手向手背侧翻转以扭转绒毛膜，使其从小窝中拔出，与母体胎盘分离。子宫角尖端难以剥离，常借子宫角的反射收缩而上升，再行剥离。最后宫内灌注抗生素或防腐消毒药液，如土霉素2克，溶于100毫升生理盐水中，注入子宫腔内；或注入0.2%普鲁卡因溶液30～50毫升。若不借助手术剥离，而辅以防腐消毒药或抗生素，让胎膜自溶排出，可达到自行剥离的目的。可于子宫内投放土霉素（0.5克）胶囊，效果较好。

7.4.13　羊子宫炎

子宫炎是由于分娩、助产、子宫脱垂、阴道脱垂、胎衣不下、腹膜炎、胎儿死于腹中等导致细菌感染而引起的子宫黏膜炎症。

（1）诊断

该病临诊可见急性和慢性两种，按其病程中发炎的性质可分为卡他性、出血性和化脓性子宫炎。急性初期病羊食欲减少，精神欠佳，体温升高。因有疼痛反应而磨牙、呻吟。前胃弛缓，拱背、努责，时时做排尿姿势，阴户内流出污红色内容物。慢性病情较急性轻微，病程长，子宫分泌物少。如不及时治疗可发展为子宫坏死，继而全身状况恶化，发生败血症或脓毒败血症。有时可继发腹膜炎、肺炎、膀胱炎、乳腺炎等。

（2）防治

净化清洗子宫，用0.1%高锰酸钾溶液300毫升，灌入子宫腔内，然后用虹吸法排出灌入子宫内的消毒溶液，每日1次，可连用3～4次。

消炎，可在冲洗后向羊子宫内注入碘甘油3毫升，或投放土霉素（0.5克）胶囊；或用青霉素400万单位、链霉素100万单位，肌内注射，每日早晚各1次。

治疗自体中毒，应用10%葡萄糖液100毫升、5%碳酸氢钠溶液30～50毫升，1次静脉注射；肌内注射维生素C 200毫克。

7.4.14　羊乳腺炎

（1）病因

多见于挤乳技术不熟练，损伤了乳头、乳腺体；或因挤乳工具不卫生，使乳房受到细菌感染；羔羊咬伤奶头等。亦可见于子宫炎、口蹄疫、结核病、脓毒败血症等过程中。

（2）症状

本病按病程可分为急性和慢性2种。

急性乳腺炎：患病乳区热、红、肿、疼痛。乳房淋巴结肿大，乳汁变稀，混有絮状或粒状物。重症时，乳汁可呈淡黄色水样或带有红色水样黏性液。同时可出现不同程度的全身症状，表现食欲减退或废绝，瘤胃蠕动和反刍停滞；体温高达41～42℃；呼吸和心搏加快，眼结膜潮红。严重时眼球下陷，精神委顿。患病羊起卧困难，有时站立不愿卧地，有时体温升高持续数天而不退，急剧消瘦，常因败血症而死亡。

慢性乳腺炎：多因急性型未彻底治愈而引起。一般没有全身症状，患病乳区组织弹性降低、僵硬；触诊乳房时，发现大小不等的硬块；乳汁稀、清淡，泌乳量显著减少，乳汁中混有粒状或絮状凝块（图7-19）。

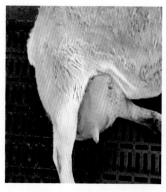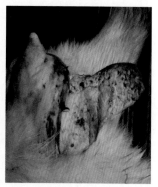

图7-19　羊乳腺炎临床症状（詹迎谷 供图）

（3）预防

① 每次挤奶前要用温水将乳房及乳头洗净，用干毛巾擦干；挤完奶后，应用0.05%新洁尔灭浸泡或擦拭乳头。

② 改善羊圈的卫生条件，扫除圈舍污物，使乳房经常保持清洁；对病羊要隔离饲养，单独挤乳，防止病菌扩散；定期消毒棚圈。

③ 怀孕后期不要停奶过急，停奶后将抗生素注入每个乳头管内。

④ 枯草季节要适当补喂草料，避免严寒和烈日暴晒，乳用羊要定时挤奶，一般每天挤奶3次为宜；产奶特别多而羔羊吃不完时，可人工将剩奶挤出和减少精料。

⑤ 分娩前如乳房过度肿胀，应减少精料及多汁饲料。

（4）治疗

① 可用庆大霉素8万国际单位，或青霉素40万国际单位，蒸馏水20毫升，用乳头管针头通过乳头2次注入，每天2次，注射前应用酒精棉球消毒乳头，并挤出乳房内乳汁，注射后要按摩乳房；或青霉素80万国际单位，0.5%普鲁卡因40毫升，在乳房基底部或腹壁之间，用封闭针头进针4～5厘米，分3～4次注入，每2天封闭1次。

② 乳腺炎初期可用冷敷，中后期用热敷；也可用10%鱼石脂酒精或10%鱼石脂软膏外敷。除化脓性乳腺炎外，外敷前可配合乳房按摩。初期乳腺炎可用蒲公英100克，中期用鹿角霜40克，后期用红花10克、鹿角霜40克，水煎后分2次灌服。

7.4.15 羔羊白肌病

羔羊白肌病是幼畜的一种以骨骼肌、心肌纤维以及肝组织发生变性、坏死为主要特征的疾病，因病变部位肌肉色淡，甚至苍白而得名。山羊羔的发病率可达90%以上，死亡率也很高。我国的西北、华北、西南等地区，特别是山区、丘陵地带都有本病的报道。个体营养良好与否均可发病，且常呈地方性发生。

（1）发病原因

硒和维生素E的缺乏为主要原因，缺硒不仅引起山羊羔白肌病，而且可引起母羊流产，胎衣不下，受精率降低，妊娠率下降。缺硒可分为两种情况：一为土壤缺硒；二为条件性缺硒，即由于饲料配合不当，长期饲喂缺硒饲料或因阴雨过多，使饲料的硒含量减少所致。硒是动物机体必需的微量元素和重要的辅酶物质，直接参与蛋白质的合成和细胞的抗氧化过程。硒是生物膜的组成部分，硒和维生素E都是动物体内的抗氧化剂，在保护膜不受损害上有重要的作用。缺乏时细胞或亚细胞结构的脂质膜破坏，机体在代谢中产生的内源性过氧化物引起细胞变性、坏死，从而发生白肌样病变。

（2）症状

多呈地方性流行，3～5周龄的羔羊最易患病，死亡率有时高达60%。生长发育越快的羔羊，越容易发病，且死亡越快。

羔羊白肌病按其病程分急性、亚急性、慢性3种类型。

① 急性型：病羊常突然死亡。

② 亚急性型：病羊精神沉郁，背腰发硬，步样强拘，后躯摇晃，后期常卧地不起。臀部肿胀，触感较硬。呼吸加快，脉搏增数，羔羊每分钟可达120次。初期心搏动增强，以后心搏动减弱，并出现心律失常。

③ 慢性型：病羊运动缓慢，步样不稳，喜卧。精神沉郁，食欲减退，有异嗜现象。被毛粗乱，缺乏光泽，黏膜黄白色，腹泻，多尿。脉搏增数，呼吸加快。

（3）诊断

可根据地方性缺硒病史、饲料分析、临床表现及病理剖检（骨骼肌和心肌变性呈鱼肉样外观）的特殊病变，以及用硒制剂治疗的良好效果做出诊断。另外，根据牧民的经验，把羔羊抱起，轻轻掷下，健壮羔羊立即向前跑，但病羊羔则稍有停顿才向前跑，因此可用此法作为早期诊断的依据。

（4）防治

为预防大群羔羊发生白肌病，在饲料中混入含硒丰富的复方微量元素添加剂。

① 对缺硒地区每年所生的羊羔，用0.2%亚硒酸钠皮下或肌内注射，可预防本病的发生。通常在山羊羔出生7天左右就可用0.2%亚硒酸钠液2毫升注射1次，注意注射日期最晚不超过25日龄，过迟则有发病的危险。

② 给怀孕后期的母山羊，皮下注射一次亚硒酸钠，用量为4～6毫克，也可预防所生山羊羔发生白肌病，提高羔羊成活率。

③ 山羊羔中已有本病发生，应立即用亚硒酸钠进行治疗，每只羊的用量为2毫升。还可用维生素E10～15毫克，皮下或肌内注射，每天1次，肌注维生素B_1 100毫克（1日2次），肌注25%安乃近2毫升（1日2次）以缓解症状。为防止继发感染，肌注青霉素或磺胺嘧啶钠注射液。

7.4.16 羊食毛症

（1）病因

主要是由于营养物质代谢障碍引起。母羊和羔羊饲料中的矿物质和维生素不足，尤其是钙磷的缺乏，导致矿物质代谢障碍；羔羊在哺乳期中羊毛的生长速度特别快，需要大量生长羊毛所必需的含硫丰富的蛋白质，如果此类蛋白质供应不足，会引起羔羊食毛；由于羔羊断乳后，放牧时间短，补饲不及时，羔羊饥饿时采食了混有羊毛的饲料和饲草而发病以及分娩母羊的乳房周围、乳房和腿部没有剪去污毛，新生羔羊在吮乳时，误将羊毛食入胃内也可引起发病。

（2）临床症状

羔羊突然发病，病羊体温正常或偏低，耳鼻及四肢冰凉，结膜苍白，口吐清涎水。轻症者，肠痉挛多表现弓背、卧地、腹泻、回头顾腹、打滚等，有的亦做排尿姿势；严重腹痛时，病羊急起急卧，匍匐不起，四肢蹬直或转圈。腹部听诊胃肠蠕动增强，有时腹部胀满，下痢，排稀粪。疼痛停止后羔羊恢复健康。

（3）剖检变化

心、肺、肾均正常，肝略微肿大，胆囊增大，瘤胃、真胃有毛球（图7-20），奶汁滞留，有奶酪状乳状物，肠道有长絮状毛缕，膀胱充盈。

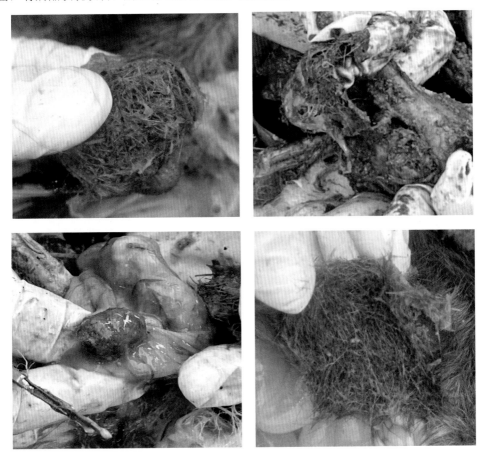

图7-20　发病羊胃中内容物（詹迎谷 供图）

（4）防治

① 加强母羊和羔羊的饲养管理，给予配制合理的饲料，建议给哺乳母羊补饲大厂家所推荐的饲料配方，注意羔羊保暖，防止受寒。禁止用腐败、发霉、冰凉的饲料饲喂羔羊。

② 为了暖胃，可用姜酊10毫升或茴香酊10毫升，加适量温水灌服。发热用30%安乃近5毫升，肌内注射；泻下用10%硫酸镁10毫升，一次静脉注射。

③ 健胃+消炎（恩诺沙星、庆大霉素）。

④ 民间一种简单又有效的方法：给腹部按摩。有经验的老羊倌（兽医）一般能找到病羊肠中硬块，按摩使之下行，很快就能收到满意的效果。

7.5 羊常见寄生虫病

7.5.1 寄生虫的危害

寄生虫防治是许多羊场容易疏忽的一个环节，一旦羊场出现大量寄生虫，就会导致羊的饲料转化率降低，羊群抵抗力下降，羊只发病率升高，寄生虫达到一定程度甚至会导致羊的死亡，所以寄生虫是羊的一大杀手。而且它会导致羊场增本降效，甚至导致羊场严重亏损。

7.5.2 羊消化道线虫病

消化道线虫病是寄生于山羊消化道内的各种线虫引起的疾病。其特征是患羊消瘦、贫血、胃肠炎、下痢、水肿等，严重感染可引起死亡。山羊消化道线虫种类很多，它们常呈混合感染。本病分布广泛，是山羊重要的寄生虫病之一，给养羊业造成严重的经济损失。

（1）临床症状

羊在严重感染的情况下，可出现不同程度的贫血、消瘦、胃肠炎、下痢、下颌间隙及颈胸部水肿，粪便中含有消化道线虫（图7-21）。幼畜发育受阻，血液检查红细胞减少，血红蛋白降低，淋巴细胞和嗜酸性粒细胞增加。少数病羊体温升高，呼吸、脉搏增数，心音减弱，最后衰弱而死亡。

（2）诊断

羊消化道线虫病病原种类较多，在临床上引起的症状大多无特征性，仅有程度上的不同。虫卵检查除毛首线虫、细颈线虫、仰口线虫、古柏线虫等有特征可以区别外，其他各种不易辨认，生前很难诊断。唯有根据本病的流行情况、病羊的症状、死羊或病羊的剖检结果做综合判断。粪便虫卵计数法只能了解本病的感染强度，作为防制的依据。在条件许可的情况下，必要时可进行粪便培养，检查第三期幼虫。

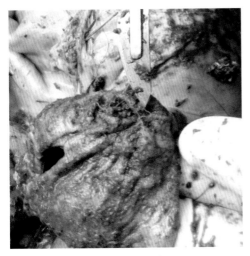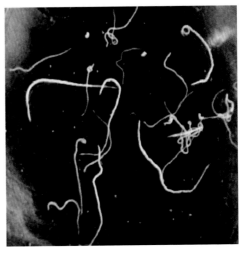

图7-21 粪便中的消化道线虫（詹迎谷 供图）

（3）预防

① 计划性驱虫：可根据当地的流行病学资料做出规划，一般春秋季各进行一次驱虫。

② 放牧和饮水卫生：应避免在低湿的地方放牧；不要在清晨、傍晚或雨后放牧，尽量避开幼虫活动的时间，以减少感染机会；禁饮低洼地区的积水或死水。

③ 加强粪便管理，将粪便集中在适当地点进行生物热处理，消灭虫卵和幼虫。

（4）治疗

① 左旋咪唑：每千克体重5～10毫克，溶水灌服，也可配成5%的溶液皮下或肌内注射。

② 甲苯咪唑：每千克体重10～15毫克，灌服或混饲给予。

③ 阿苯达唑：每千克体重5～10毫克，口服。

④ 伊维菌素：每千克体重0.1毫克，口服；每千克体重0.1～0.2毫克，皮下注射，效果极好。

7.5.3 羊莫尼茨绦虫病

莫尼茨绦虫病是裸头莫尼茨属的绦虫寄生于羊小肠中引起的。扩展莫尼茨绦虫长可达10米，呈乳白色带状，分节明显，虫卵近似三角形。贝氏莫尼茨绦虫呈黄白色，长可达4米，虫卵为四角形。

（1）症状

病畜表现消化不良，腹泻，有时便秘，粪便中混有绦虫的孕卵节片（图7-22）。病后期病畜不能站立，经常做咀嚼样动作，口周围有泡沫，精神极度萎靡，衰竭而死。

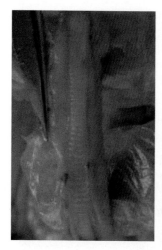

图7-22　粪便中的莫尼茨绦虫（詹迎谷 供图）

（2）预防

① 每年春季放牧前或秋季收牧后二次驱虫。开牧后每30～40天驱虫一次，效果更好。

② 避免到潮湿和有大量地螨地区放牧，也不要在雨后或有露水时放牧。

③ 注意羊舍卫生，对粪便和垫草要堆肥发酵，杀死粪内虫卵。

（3）治疗

① 氯硝柳胺（灭绦灵），一次口服，按每千克体重50～75毫克用药。

② 吡喹酮，一次口服，按每千克体重10～15毫克用药。

③ 阿苯达唑，一次口服，按每千克体重5～15毫克用药。

7.5.4　羊细颈囊尾蚴病

细颈囊尾蚴是带科、带属微生物，呈囊泡状，泡内充满透明液体，大小不一（图7-23）。囊壁有两层，外层厚而坚韧，是宿主动物结缔组织形成的外膜；内层薄而透明，是虫体的外膜。在虫体外膜的膜壁上有一个不透明乳白色的结节，即虫体的颈部和内陷的头节。细颈囊尾蚴是泡状带绦虫的幼虫阶段。成虫寄生在犬、狼等肉食兽的小肠，随粪便排出虫卵污染饲料、饮水等致猪、牛、羊等多种家畜感染细颈囊尾蚴病。

（1）临床症状

成年羊、感染较轻的羊症状不明显，发病的羔羊症状较明显，身体消瘦、衰弱，体温升高，精神沉郁，食欲减退，离群索居，好卧，腹部膨大，按压腹壁有痛感，较严重的有贫血和黄疸出现，还有的出现咳嗽、气喘甚至呼吸困难，通过死亡解剖，能很好诊断。

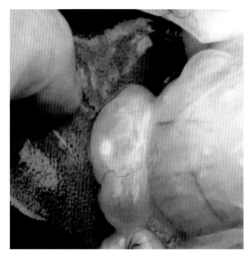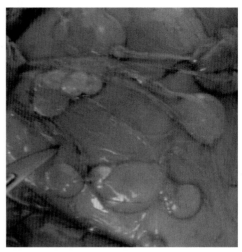

图7-23 羊细颈囊尾蚴示例（詹迎谷 供图）

（2）防治

① 全群羊按照每千克体重50毫克吡喹酮口服，连用3天。

② 为了防止本病的发生，羊场尽量不要喂养犬和猫等动物，或者把它们圈养起来并对它们定期驱虫，驱虫时要使用敏感的驱虫药，并及时对犬和猫的粪便进行清理并做无害化处理。

③ 做好羊的饲料、饮水和圈舍的清洁卫生工作，妥善保管饲料、饲草，防止草料和饮水被粪便污染。

④ 本病对羔羊的危害较大，对成年羊影响较小，每年春、秋两季都要定期用吡喹酮驱虫，连驱两次，杜绝本病的发生。

⑤ 加强粪便管理，对羊粪便要集中堆积发酵或沤肥，以期消灭虫卵。

7.5.5 羊脑包虫病

羊脑包虫病，俗称"转圈疯"，学名脑多头蚴病，是多头绦虫的幼虫——多头蚴（又称脑包虫）寄生在绵羊、山羊脑或脊髓内引起脑炎、脑膜炎及一系列神经症状，甚至死亡的一种严重的寄生虫病。本病一年四季均能发生，但多发于春季。主要侵害2岁以下幼龄羊，容易侵袭1～2岁的绵羊及山羊，绵羊比山羊更为多见。

（1）临床症状和剖检变化

发病前期以羔羊的急性型最多见，感染初期，六钩蚴移行引起脑部炎症，表现为发热、呼吸、脉搏加快；甚至强烈兴奋，患畜做前冲、后退或回旋运动；有时沉郁、长期躺卧、脱离畜群，大部分羔羊多在3～5天内因患有急性脑炎而死亡，部分患羊耐过急性后转为慢性型症状。

急性型：以羔羊的症状最明显，在感染后15天左右出现发热，食欲下降，反应敏感或迟钝，无目的奔走或长时间的沉郁。严重的病例精神高度沉郁或强烈兴奋，有的斜视，颈弯向一侧，流涎磨牙；有的做圆圈运动、前冲或后退，然后发生痉挛；有的兴奋或沉郁，离群躺卧。病程5～7天，死亡率低，多数症状逐渐消失，转变为慢性。

慢性型：在慢性病例中，仅有一个或少数囊泡寄生时，囊泡没有在脑组织的四周产生严重压力，常常看不出症状。4～6个时，由于囊泡增大，压迫脑和脊髓，出现症状，其症状由多头蚴的寄生部位决定。寄生在大脑额区，向前直线奔走，碰到障碍物时，将头抵住，呆立不动；其典型症状为转圈运动，因此，通常又将脑多头蚴病称为回旋病。寄生大脑后部枕骨区，头举高做后退运动，呈角弓反张姿势；寄生于小脑时，站立或运动都失去平衡，站立时四肢外展或内收，行走时步伐蹒跚；寄生于脊髓时，行走后躯无力，甚至麻痹，呈犬坐姿势，排尿失禁。病程较长，症状反复出现，严重的经1～2个月死亡。

羊脑包虫病解剖见图7-24。

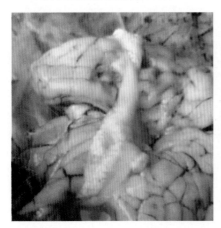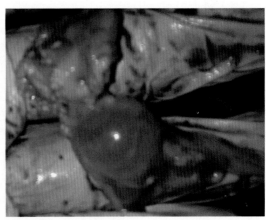

图7-24　羊脑包虫病解剖（詹迎谷 供图）

（2）防治

① 根据本地生产情况，每年的6月中旬大量羔羊断奶，每年7月上旬及时对育成羊驱虫1次，10月中旬再对育成羊驱虫1次。

② 吡喹酮预防该病效果比较好，按每次50毫克/千克体重。

③ 治疗时，口服吡喹酮80～100毫克/千克体重，内服，连用5天1个疗程。

7.5.6　羊体表寄生虫病

（1）螨病

羊螨病是疥螨和痒螨寄生在羊体表而引起的慢性寄生性皮肤病。螨病又称疥癣病、疥虫病，其具有高度传染性。本病主要发生于冬季、秋末和春初，主要通过接触或通过被螨及其卵污染的厩舍、用具等间接引起感染。螨病是严重危害羊群健康的寄生虫病。

① 病原与症状　疥螨病的病原是疥螨科疥螨属的疥螨，疥螨一般寄生于皮肤柔软且毛短的部位（图7-25）。该病始发于山羊嘴唇、口角、鼻梁及耳根，严重时会蔓延至整个头部、颈部及全身。绵羊主要病变在头部，患部皮肤呈灰白色胶皮样，称"石灰头"。病羊剧痒，不断在围墙、栏柱处摩擦患部，由于摩擦和啃咬，患部皮肤出现丘疹、结节、水泡甚至脓疱，以后形成痂皮和龟裂，严重感染时，羊生产性能降低，甚至大批死亡。

图7-25　羊的疥螨体表症状（詹迎谷 供图）

② 诊断　于患部皮肤与健康皮肤交界处剪毛后，用消毒刀垂直于皮肤表面刮至皮肤微出血，将刮取的皮屑置于载玻片上，用50%甘油水溶液处理后，置显微镜下观察，若见到虫体，结合临床症状即可确诊。

③ 防治

a. 保持卫生，定期消毒。可用10%～20%生石灰乳或20%草木灰水对圈舍及用具进行消毒。

b. 皮下注射。按0.2～0.3毫克/千克体重皮下注射阿维菌素或伊维菌素，间隔7天重复用药。

c. 局部涂搽、喷淋。可用0.01%～0.05%双甲脒或0.03%辛硫磷涂搽患部，7～10天后再重复一次。

d. 药浴。药浴法常用于绵羊，可在木桶、水泥浴池、帆布浴池内进行药浴。可用0.05%辛硫磷、0.05%双甲脒、0.005%～0.008%溴氰菊酯等。

e. 严重的可用废机油加硫黄粉（1：1）搅拌均匀后，涂抹在病灶处，3天一次，一般2～3次可治愈。

f. 疥螨一般比较顽固，在除虫时一定要加强羊营养，提高羊抵抗力，有助于治疗。

（2）羊虱病

羊虱病是永久寄生的外寄生虫病，有严格的畜主特异性。虱在羊体表以不完全变态方式发育，经过卵、若虫和成虫三个阶段，整个发育期约一个月。成虫在羊体上吸血，交配后产卵，成熟的雌虱一昼夜内产卵1～4个，卵被特殊的胶质牢固地黏附在羊毛上，约经2周后发育为若虫，再经2～3周蜕化三次而变成成虫（图7-26）。产卵期2～3周，共产卵50～80个，产卵后即死亡。雄虱的生活期更短。一个月内可繁殖数代至十余代。虱离开羊体，得不到食料，1～10天内死亡。虱病是接触感染的，可经过健康羊与病羊直接接触，或经过管理用具传染，加之羊舍阴暗、拥挤等，更有利于虱子的生存、繁殖和传播。

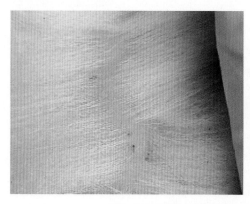

图7-26　附着在羊体表与羊毛中的羊虱（詹迎谷 供图）

① 症状　虱在吸血时，分泌有毒的唾液，刺激皮肤的神经末梢而引起发痒，羊通过啃咬或摩擦而损伤皮肤。当大量虱聚集时，可使皮肤发生炎症、脱毛或脱皮。由于虱的长期骚扰，病羊烦乱不安，影响采食和休息，以致逐渐消瘦、贫血。幼羊发育不良，奶羊泌乳量显著下降。羊体虚弱，抵抗力降低，严重者可引起死亡。

② 防治

a. 加强饲养管理及兽医卫生工作，保持羊舍清洁、干燥、透光和通风，平时给予营养丰富的饲料，以增强羊的抵抗力。

b. 对新引进的羊只应加以检查，及时发现及时隔离治疗，防止蔓延，对羊舍要经常清扫、消毒，垫草要勤换勤晒，管理工具要定期用热碱水或开水烫洗，以杀死虱卵。

c. 及时对羊体灭虱，应根据气候不同采用洗刷、喷洒或药浴（双甲脒、辛硫磷等）等方法。常用灭虱药物及方法参照螨病疗法。

（3）羊鼻蝇虫病

羊鼻蝇虫病是由羊鼻蝇虫（图7-27）寄生在羊的鼻腔及颅窦而引起的一种寄生虫病。

① 症状　羊群出现惊慌不安，相互拥挤，频频摇头，有喷鼻、低头或鼻孔抵地面等

动作。病羊初期流清鼻涕，后为脓性鼻涕，有时带血。鼻孔周围鼻涕干涸后形成硬痂，造成呼吸困难，有时幼虫进入颅腔后，压迫神经而产生神经症状，如出现头歪斜、运动失调、向一侧旋转，或发生痉挛、麻痹等症状。

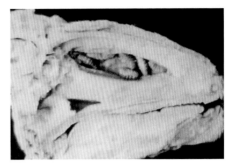

图7-27　羊鼻蝇虫示例（詹迎谷 供图）

②治疗

a. 病羊皮下肌注驱虫霸王0.02毫升/千克体重。通常来说，一般用药一次即可。用药剂量不可随意增加。

b. 敌百虫灌服治疗：敌百虫0.075～0.1克/千克体重。对患病羊进行灌服治疗，对病羊鼻腔内的幼虫有很好的杀灭效果。

在治疗羊鼻蝇虫病的同时要注意以下几个方面：

病羊所在的环境，接触过的地方、器皿，以及其粪便，应及时处理和消毒，以避免造成其它羊感染或二次感染。

对于病情轻的患羊，也可不使用药物，想办法诱导病羊打喷嚏将虫体排出去，然后及时将虫体清理干净。

治疗病羊的同时，也要加强羊群的管理，以免其它健康羊群被感染。预防重在加强管理，做好卫生管理，不给羊鼻蝇幼虫滋生的机会。

图7-28　蜱虫（詹迎谷 供图）

（4）蜱虫病

蜱虫是一种叮咬在羊体表吸食血液及传播多种重要传染病的体外寄生虫（图7-28），俗称"草爬子"。羊的体表寄生有蜱虫，可引起羊烦躁不安、瘙痒，甚至引起蜱瘫。蜱吸血后可以传播多种传染病，引起牛羊消瘦、贫血，威胁牛羊健康，严重时会致病畜死亡。

消灭牛羊体表的蜱虫有以下几种方法。

①人工捕捉　如果饲养的牛羊数量不是很多，且在人员充足的情况下，可以采取人工捕捉除蜱的方法。首先全面检查牛羊躯体，特别是颈部、腋下、腹部、脚踝下方，可用尖嘴镊子在紧靠皮肤的地方沿着与皮肤垂直的方向拔出蜱虫，拔出蜱虫后如果伤口出血，要进行止血，同时用酒精或碘酒消毒。

②粉剂涂抹　可用3%马拉硫磷或2%害虫敌等粉剂涂抹在牛羊体表，一般羊用剂量为30克，在蜱虫活动季节，每隔7～10天处理1次，可以预防蜱虫的寄生。

③ 药液喷涂　可用0.2%害虫敌、0.2%辛硫磷乳剂喷涂畜体，剂量为200毫升/次，每隔3周处理1次。

④ 药浴　选用0.05%双甲脒或0.1%马拉硫磷、0.1%辛硫磷、0.0025%溴氰菊酯等乳剂，对羊进行药浴。此外，可皮下注射阿维菌素，剂量为每千克体重0.2毫克，一次注射或口服。

7.6　死亡羊只解剖

7.6.1　死亡羊只解剖重要性

在实际生产中，很多中小规模羊场往往只重视羊病症状和治疗效果，却忽略对病死羊只解剖。结合治疗用药和治疗时间，观察羊体表及内脏，找出死亡羊只发病共性点，确诊引起疾病的主要原因，以便更好做出预防措施，减少羊只发病，对病羊进行对症治疗，减少羊只死亡。所以及时解剖病死羊只，对生产能起到很好指导作用。

7.6.2　解剖前准备工作

解剖羊之前的准备工作如下。

① 解剖场地选择：一般在羊场化尸池或无害化处理池旁，不宜在羊场周边解剖，一旦有传染性细菌、病毒，场地消毒不到位，容易造成疾病的二次传播。

② 解剖工具：小羔羊一把手术刀即可，大羊还需要一把砍刀。

③ 人员防护用品：防护服、口罩、橡胶手套。

④ 消毒药：酒精、石灰粉。

7.6.3　简单解剖流程

死亡羊只，固定好四肢朝上，一人扶住羊两前肢，解剖者从前肋骨中心点后方肚皮处开个小口，右手持手术刀，左手拇指和食中指往后撑开切口，中指往下压住脏器形成一定空间，手术刀尖顺着伤口往后切割，切割时力道一定要轻缓，避免切到胃肠。迎着中心一直切割到肛门，整个腹腔就打开了，接着打开肺腔，大羊需用砍刀，沿着前胸部中轴线切开羊胸腔。解剖完后，要对羊只进行无害化处理，解剖地点做好消毒措施，解剖者的手、脚底等要做好消毒措施，防止病菌携带到场区造成交叉感染。

7.6.4　解剖主要观察部位

对一些非专业技术人员，羊只解剖我们重点观察点主要如下。

① 解剖前观察羊外部特征：年龄、大小、体况、毛色、是否有体表寄生虫及面部情况（是否有脱水、流眼泪、流鼻涕），肛门是否洁净，身上是否有异伤口、大概死亡时间等。

② 解剖后观察羊的腹腔：观察肝脏是否肿大，肝色是否呈正常的红褐色或黄褐色，是否有结节、斑点。最后横切肝叶，检查其出血量和肝小叶形态等，也可纵横切数刀观察。检查脾脏肿胀程度、硬度，如脾脏肿胀，切口捏合外翻，挤压如粥状，则疑为热性传染病；检查肾脏的外形、大小、软硬度等，触摸肾脏，感觉其是软如泥。

③ 解剖后观察羊的胸腔：检查胸腔内是否积液，胸膜的色泽，有无充血、出血或粘连等；肺部是否有分泌物、出血、病灶；心包是否积液，心肌是否肿大。

④ 依次打开瘤胃、网胃、瓣胃、皱胃、肠。

瘤胃重点观察液体量，采食草料品种、量大小，是否有异物，瘤胃壁是否有脱落，是否有寄生虫等；网胃主要观察是否有异物（常用铁线、铁钉、石块等）；瓣胃主要观察其内食渣量及水分；真胃主要观察胃壁是否有出血点、寄生虫（线虫肉羊可看出），分泌液是否正常，胃的内容物是否有毛球团等；小肠要切开几个开口，观察肠壁是否有出血，肠内是否有寄生虫（常见绦虫肉眼可看出）等。

解剖示意见图7-29。

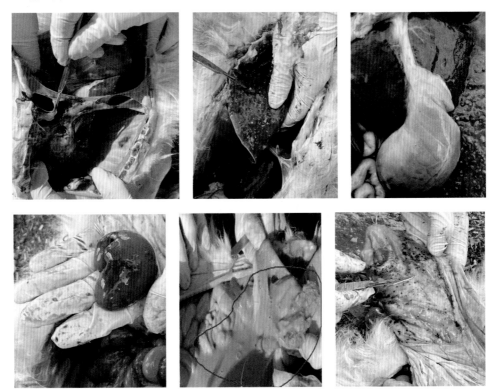

图7-29　解剖示意（詹迎谷 供图）

7.7 死亡羊只无害化处理

羊场死亡羊只要集中无害化处理，常规处理：建造专用的化尸池或委托专业无害化公司处理。对一些小规模羊场病死羊只少的，可以挖深坑做好消毒杀菌措施掩埋。不管哪种无害化处理，要防止狗、猫等动物叮咬，造成疾病传播、环境污染。

第**8**章

羊场经营数据报表与分析

8.1　饲喂报表分析

8.1.1　饲料原料入库报表

饲料原料入库报表见表8-1。

表8-1　饲料原料入库报表　　　　　　日期：

日期	供货单位	单据号	饲料名称	单位	重量	单价	金额	备注

8.1.2　精料加工报表

精料加工报表见表8-2。

表8-2　精料加工报表　　　　日期：　　　　　　　单位：千克

配方	昨天结余量	今日生产精料量	玉米	豆粕	麸皮	预混料	磷酸氢钙	碳酸氢钠	脱霉剂	盐	今日消耗精料量	今日结余量
妊娠母羊料												
哺乳母羊料												
羔羊料												
育成育肥羊料												
精料合计												

8.1.3　饲料使用报表

饲料使用报表见表8-3。

表8-3　饲料使用报表　　　　日期：　　　　　　单位：吨

羊类型	青贮玉米	花生秧	其他干饲料	精料	成品料合计
种公羊					
空怀母羊					
怀孕母羊					
哺乳母羊					
育成育肥羊					
羔羊					

8.1.4　各阶段羊只饲喂成本报表

各阶段羊只饲喂成本报表见表8-4。

表8-4　各阶段羊只饲喂成本报表　　　　　　日期：

羊类型	日存栏量/只	青贮玉米成本/元	花生秧成本/元	其他干饲料成本/元	精料成本/元	合计成本/元
种公羊						
空怀母羊						
怀孕母羊						
哺乳母羊						
育成育肥羊						
羔羊						

8.1.5　饲喂报表数据经营分析

成本是衡量一个企业经营能力和竞争力的重要指标。成本控制是企业生产风险管控的关键，也是现代化企业管理的核心环节，企业的最终目的是实现利润，而进行成本控制是实现这一目的的重要手段。羊场运营成本中，饲喂成本占60%～70%，所以饲喂成本分析、总结、把控非常重要。前面各环节报表数据完整登记后，经营者就要定期提取数据进行分析，如通过报表分析精料日消耗量、全混合日粮草料日均投喂量以及羔羊料饲养日消耗量等变化情况，及时发现异常，根据实际生产情况不断优化生产流程，做好"降本"＋"增效"。若没有实际生产数据分析指引，管理就失去了方向。

8.2　羊群生产报表

8.2.1　防疫报表

防疫报表见表8-5。

表8-5　防疫报表

日期	羊舍名称	羊类型	免疫疫苗	免疫数量	免疫方式	用量	厂家	生产批号	免疫人

8.2.2　产羔报表

养殖场产羔报表见表8-6。

表8-6　养殖场产羔报表

日期	羊舍／栏位	饲养员	母羊耳号	产羔类型	公／母羔	初生重	备注
				正常			
				流产			
				早产			

8.2.3　诊疗、兽药消耗报表

诊疗、兽药消耗报表见表8-7～表8-9。

表8-7　养殖场日常诊疗记录　　　　兽医：

日期	羊舍	羊只号	病情诊断	治疗方案	治疗天数	治愈情况	备注

表8-8　兽医诊疗月工作汇报　　　　　　　　年　　月

疾病类型	阶段羊只存栏数量	发病数量	诊疗次数	治愈羊只数	死亡羊只数	负责人

表8-9　兽药消耗报表

药品类型	规格	领用数量	单价	金额	领取日期	备注

8.2.4　淘汰、死亡报表

淘汰、死亡报表见表8-10、表8-11。

表8-10　养殖场羊只淘汰报表

日期	羊舍	饲管员	羊耳号	年龄	羊只类型	淘汰原因	操作人

表8-11　养殖场羊只死亡报表

日期	羊舍	饲管员	羊耳号	年龄	羊只类型	死亡原因	兽医

8.2.5　羊群生产报表数据经营分析

报表数据经营分析是养殖场经营管理的重要措施，前提是所有报表数据必须真实连续。通过对报表数据进行分析，能够及时反映异常问题（如产羔数、产羔率下降，流产率、早产率上升，发病率、治愈率下降，死亡率上升），通过发生异常问题的时间节点、发展趋势，结合实际生产管理（如：天气变化、草料变化、精料变更、药品变更、人员变动、羊群变动等），做对比分析，结合生产经验做出判断，及时做出生产管理调整，提高养殖效益。

8.3 羊场岗位考核方案

8.3.1 饲管员考核方案

饲管员考核方案见表8-12。

表8-12 饲管员考核方案

起始日期	饲喂管员	饲养天数	饲养羊只数	饲养日提成/元	饲养提成工资/元	基本工资/元	成活率考核工资/元	消耗品考核工资/元

注 1. 饲养日提成：1只羊每饲养管理1天提成工资。

2. 饲养提成工资：饲养日提成 × 饲养天数 × 饲养羊只数。

3. 成活率考核工资：死亡超过一定比例处罚多少钱/只，低于死亡考核线奖励多少钱/只。

4. 消耗品考核工资：节约部分奖励多少钱，超出考核线处罚多少钱。

8.3.2 兽医考核方案

兽医考核方案见表8-13。

表8-13 兽医考核方案

起始日期	饲喂管员	饲养天数	饲养羊只数	饲养日提成/元	饲养提成工资/元	基本工资/元	成活率考核工资/元	药品考核工资/元

注 1. 饲养日提成：1只羊每饲养管理1天提成工资。

2. 饲养提成工资：饲养日提成 × 饲养天数 × 饲养羊只数。

3. 成活率考核工资：死亡超过一定比例处罚多少钱/只，低于死亡考核线奖励多少钱/只。

4. 药品考核工资：节约部分奖励多少钱，超出考核线处罚多少钱。

8.3.3 技术员考核方案

技术员考核方案见表8-14。

表8-14 技术员考核方案

起始日期	饲喂管员	饲养天数	饲养羊只数	饲养日提成/元	饲养提成工资/元	基本工资/元	羔羊断奶提成/元	育成羊、育肥羊出栏提成/元	饲料成本考核/元

注 1. 饲养日提成：1 只羊每饲养管理 1 天提成工资。

2. 饲养提成工资：饲养日提成 × 饲养天数 × 饲养羊只数。

3. 羔羊断奶提成：羔羊达标准断奶提成多少钱 / 只。

4. 育成羊、育肥羊出栏提成：育成羊、育肥羊达标准且出栏提成多少钱 / 只。

5. 饲料成本考核：核算每只羔羊断奶或出栏饲喂成本，低于多少奖励，高于多少处罚（可划入年终奖考核中）。

参考文献

[1] 旭日干.专家与成功养殖者共谈——现代高效肉羊养殖实战方案[M].北京：金盾出版社，2015.

[2] 国家畜禽遗传资源委员会.中国畜禽遗传资源志：羊志[M].北京：中国农业出版社，2011.

[3] 江喜春，程广龙，赵辉玲.中国绵羊、山羊的遗传资源保护及对策[J].中国畜牧兽医，2010，37（10）：152-155.

[4] 朱奇.高效健康养羊关键技术[M].北京：化学工业出版社，2011.

[5] 刘洪波.彩色图解科学养羊技术[M].北京：化学工业出版社，2019.

[6] 江喜春.山区肉羊高效养殖关键技术问答[M].北京：金盾出版社，2014.

[7] 江喜春.肉羊养殖创业致富指导[M].北京：中国科学技术出版社，2017.

[8] 陈万选，陈爱云.羊病快速诊治指南[M].2版.郑州：河南科学技术出版社，2014.

[9] 张英杰.羊生产学[M].北京：中国农业大学出版社，2015.